目　次

まえがき

　平成3年に「富水試だより」にエッセイまがいのものを寄稿してから、はや12年の歳月が過ぎようとしている。長らく行政に携わっていた私は、それまでものらしいものを書いたことはなかった。だから、最初の寄稿では多くの人に読んでもらおうという意図はなく、ただ自分の思いを記しただけだった。それが、水試だよりを書いているうちに、「面白い」とか「読んでいます」と人に言われるようになり、それらの人の思いを受けて書き続けるようになった。そしてある時、全国内水面漁連から、広報「ないすいめん」に掲載したいが、と声をかけられ、一部を「田子の熱き思い」として8回に渡り連載していただいた。この連載に関しては好評？をいただいたように思っている。そして、連載を終わるに当たって、それまで書いたものを本にまとめてはどうかとお誘いを受けた。私としては分不相応ではないかとためらったが、少しでも私の思いと川の現状を記すことによって、世間にはこよなく川を愛する人々がいることを知っていただくと同時に、そのことによって川が少しでも良くなれば、という思いで本へのとりまとめを了解した次第である。

　それぞれの章はそれで読み切りで書いたものなので、どこから、またどれを、もちろん最初から読んでいただいても結構である。章の順番に当たっては、時系列に並べた方が私の考え方や書き方の変化、あるいは川をとりまく状況の変化が分かるのではと思い、そのようにした。『庄川のサクラマス流し網漁を振り返って』〜『内水面の漁法—アユのドブ釣り漁②』については、「ないすいめん」および「富水試だより」に掲載されたものの中から好みのもの選択し、それに加筆修正を加えたものである。『「アユの川」はいずこに』以降については、本稿出版に当たり新たに書きおろしたものである。

　修正に当たっては水産あるいは生態学的に詳述した部分や水試の広報的な要素の多い部分は削除した。図表等も必要最低限のもの以外はすべて省略して、「読み物」としての性格に重点を置くようにした。

　この本を読んでいただくことにより、アユ、サクラマス、川そして現場の研究者の置かれた現状を理解していただけるか、あるいは読者の皆さんの、仕事で疲れた神経がリフレッシュされ、ストレスのたまった精神が少しでも癒されるなら、望外の幸せです。

庄川のサクラマス流し網調査を振り返って

（平成5年1月）

庄川産サクラマスの過去

　人にはものを忘れるという特性がある。過去がどれほど自然で豊かであったにしろ、月日とともにそれを忘却の彼方に置き去ってしまう。また、そうでもないと人は生きては行けないのかも知れない。現在、庄川流域に住む人々のうちで、いったいどれだけの人が、かつて庄川にはサクラマスが満ちあふれていたことを知っているだろうか。

　庄川は、岐阜県北西部・荘川村の鳥帽子岳（標高1625m）に源を発し、富山県北西部の山間部を北流し、砺波平野から富山湾に注ぐ、流路延長115km（県内63km）の、神通川に次ぐ富山県内第二の河川である。岐阜県ひるが野高原にある分水嶺公園の池には、日本海と太平洋を指す看板が立っている。そこに降った雨は、あるものは庄川を通って日本海に、あるものは長良川を通って太平洋に注ぐらしい。庄川には大きなダムがたくさんあるが、長良川には今のところまだない。長良川の方へいった水は、約160kmの流程を一気に降る。

　国道156号線を通って庄川町から五箇山、御母衣ダムを経て岐阜県高鷲村、白鳥町の長良川上流部に出ると、その富山県側にはない姿に感動を覚える。庄川の上流部とは違って、そこにには開けた雄大な風景がある。一度、長良川の上流部から河口まで川沿いを車で下ったことがあるが、上流から河口まで、水がそれこそとうとうと流れていた。富山県にはダムで寸断された河川しかないが、中京という大都会を間近にして、ダムがひとつもないというのは奇跡に近い。サツキマスが長良川だけに多く残っているのもうなずける。

　「神通川誌」によると、神通川では、明治40年代には160トン台、大正時代には120トン台のサクラマスの漁獲量があったとされている。庄川には「神通川誌」のような統計的な資料が残っていないが、上流域の平村や上平村にいる老人の話では、昔はたくさんマスが上がってきたという。同じく上流域の利賀村の民宿で聞いた話では、昔は利賀川にはイワナと違った魚（ヤマメ）もたくさんいたという。ある川漁師の話によると、昔は神通川よりも庄川の方がマスが

多く獲れるので、県下中の漁師が庄川に集まったという。さらに、昭和5年には小牧ダムが完成しているが、ダム完成後2〜3年は小牧ダム下流の淵にあふれんばかりのサクラマスが群れをなしたという。長良川の現況や川漁師などの話からも、昭和の初期頃までは、神通川に匹敵するとはいかないまでも、それに近いサクラマスが庄川に遡上していたことは想像に難くない。

　庄川のサクラマスはその後、昭和18年に完成した合口ダム、昭和42年に完成した和田川ダムなどの影響により減少を続け、現在では、それこそ指で数えられる位の、ほんのわずかの遡上魚しか見られなくなってしまった。庄川ではサクラマスの減少をうけて、今から思えば愚かなことだが、その代わりとしてつい最近までニジマスの放流を続けてきた。しかし、ニジマスは庄川では増えなかった。庄川沿岸漁業協同組合連合会（以下庄川漁連とする）では昭和61年にサクラマスを漁業権魚種に取入れ、その増殖を図ることとした。富山水試ではそのお手伝いをさせていただいている。サクラマスの増殖は困難を伴うと思われるが、ここで言いたいのは、庄川にはサクラマスがいなかったのではなく、ほんの数十年前までは、庄川にはサクラマスが満ち溢れていた、ということである。

■ ヤマメはサクラマス？

　調査のために増殖場の池でサクラマス幼魚の鰭を切る作業をしていた時、たまたま何かの用事で来られた人から「この魚ちゃ、なにけ」と聞かれたことがある。「サクラマスです」と答えると、「サクラマス？うそ、これちゃ、ヤマメでないがけ」「ああ、ヤマメですね」と珍問答を繰り返すことになる。そして、やおらサクラマスの生活史を述べなくてはならないはめに陥るのであるが、「サクラマスとヤマメは同じ種で、ヤマメの一部が海に降海し、大きくなってサクラマスになって川に上ってきます」と説明すると、一様に「え、本当ですか？」と、多くの方がびっくりされる。

　県の内水面漁業調整規則でもマス（サクラマス）とヤマメという風に表現が分かれているが、ではその実際上の明確な区別となるとよく分からないところがある。規則上では、海から遡上してきた銀毛した大きなサクラマスをマス、河川にいる幼魚や河川に滞留したまま大きくなったものをヤマメと解釈するよ

うだ。たとえば体長30〜40㎝の銀毛した魚がいたとしよう。これがマスかヤマ
メかと問われると、川で育ったヤマメでも多少は銀毛しているので、外見から
では判断できない。現在では耳石を摘出してそのカルシウムとストロンチウム
の比率を調べれば海へ行ったかどうかくらいは分かるようにはなったが、その
ためにいちいちその魚を成仏させて耳石を取り出すというのは芸がない。ここ
はやはり、おまえは海に行ってきたのかどうなのか、とその魚にテレパシーで
でも聞いてみるのが、正確で早道である（もっともテレパシーが使えればの話
だが）。

　いずれにせよ、サクラマスとヤマメは同一種であり、ヤマメがあって初めて
マスとしてのサクラマスが存在しているわけであり、ヤマメの存在なしには、
サクラマスの雄姿（雌姿？富山ではサクラマスの約8割は雌である）にはお目
にかかれないのである。

流し網漁の実際

　流し網はサクラマスの増殖用の種卵を確保するために、知事の特別採捕許可
を得て行なわれている。もっとも、庄川ではサクラマスは漁業権魚種であるの
で、庄川の漁業者は建前上は普通に採捕できるのであるが、現在庄川では、サ
クラマス資源がある程度増えるまで漁業権の行使を自粛している。流し網で捕
獲した親魚は産卵期の秋まで庄川養魚場の池で蓄養され（といっても餌は全く
与えない。もっとも、餌を与えてもマスは食べてくれないが）、人工的な採卵
に供される。

　流し網は通常、風がまだ吹かない日の出前の暗い時から行われるが、どこか
ら流すか、いつ終わるかは、魚の獲れ具合や風の条件もあり、その時になって
みないと分からない。風の条件さえよければ（強い北風が吹かなければ）、時
に1日中流すこともある。これについては、庄川サケ・マス協議会の会長であ
る沼幸雄さんの判断に依っている。沼幸雄さんといえば庄川に数万尾にのぼる
大量のサケを呼び戻したその人である。彼のそれまでの苦労話を聞けば、だれ
しも熱いものがこみ上げてくる。その沼さんも、今度はサクラマスだと、その
情熱はいっこうに衰える気配がない。

　流し網は2双の舟で行われる。西と東の舟に別れ、櫂を漕ぐ人と網を持つ人

に分かれる。その分担は毎回ほとんど同じと言っていい。図に流し網の模式図を示してみた。へたくそな図で申し訳ないが、実際の感じを少しはわかってもらえると思う。サクラマスは遡上初期や薄暗い時を除いて瀬ではめったに獲れない。サクラマスが好むのは淵で、大きければ大きいほどいい。また、サクラマスは流れの芯にいるという。このため、瀬から淵にさしかかる時、うまく流れの芯に舟がのらないと、やり直すこととなる。流し網は芸術に近い。4人の呼吸が合わないとマスは獲れない。うまく網が入らなかった時には罵声が飛び交うこともある。そして、重労働でもある。半日も流すと4人とも体全体にかなりの疲労が残る。私は西側の舟に乗せてもらっていたが、西の舟を繰舟しておられた大坪さんは、私が乗った分だけ大変だったことと思う。

　ここで、サクラマスが淵でとれるパターンについて私が感じたことを述べてみたい。淵の頭ではわずかしか獲れない。獲れることが多いのは、淵の中程から淵尻にかけてである。身の危険を感じたサクラマスは淵尻に向けていったん下がる。そして、これ以上下がれないと判断すると反転し、上流に向い網に突っ込む。これが基本的な型だと思われる（前頁図）。サクラマスが淵に続く下流の瀬に落ちることはめったにない。しかし、川漁師によると同じ状況ではサケは瀬落ちする（次の瀬に下っていく）という。このように、サクラマスは淵にこだわる。これは春から産卵期の秋まで川にいなければならないサクラマスにとっては、川のどこが最も安全かをサクラマスが本能的に知っているからに違いない。流し網はサクラマスが1尾でも獲れれば、同じ淵を何度も獲れなくなるまで繰り返し流し、そして獲れないと次の瀬へと下って行く。

　晴れで風が穏やかな日の、夜が明け始める頃の川は素晴らしい。静寂で、威厳があり、霊気さえ漂っているように感じられる。流し網の風景はほとんど絵になっている。と、突然、「オッ

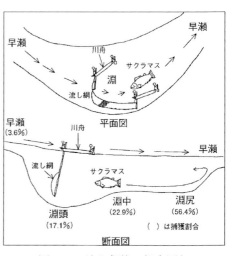

図　マス流し網漁の概念図と
　　マスの河床別捕獲割合

シャー」とか「ヨッシャー」とか何といっているのかよく分からないが、大声が静寂を破る。緊張する瞬間である。掛かった魚がサクラマスかそうでないかは手ごたえですぐに分かる。ウグイが掛かることの方がはるかに多い。あとはコイやフナ。イワナやニジマスが獲れることもある。サクラマスが獲れると皆に元気が湧いてくる。ここであと何本、どこそこまでにあと何本とか言って、捕らぬタヌキの皮算用をする。ついでに言うなら、平成４年は500尾の捕獲を目標としていた。平成４年の回帰群に当たる幼魚は、秋放流魚とスモルト放流魚を併せると約15万尾も放している。河川回帰率を最低0.3％程として川には500尾程は返ってきてほしいというのが、庄川漁連の関係者の言である。私たちは毎回、500尾まであと何尾、と言いあっていた。

　アユの解禁日が近づいてくると、川を見に来る人が多くなる。中には流し網を見て「何をしているのか」と問いただしに来る人もいるが、事情を説明すると大概は理解してもらえる。アユの解禁後は夜の10時以降から夜明け前までしか流せない。この頃は庄川でもホタルが見られるところがある。ホタルの乱舞を見ながら舟を流すのも風情があっていい。夜中の３時頃に釣りをしている人がいて、聞くとアユを釣っているという。こんなに暗くて釣れるのかと思うが、世の中にはいろんな人がいるものだ。ところで流し網調査で何がつらいかと言えば、それは睡魔に襲われることである。時に一睡もしないで流すことがあるが、明け方に眠気に耐えるのはつらい。私は舟の上で思わずコックリをしてしまったことが何度かあるが、これだけはどうしようもない。

庄川でのサクラマス流し網漁－
２艘の舟は八の字になって流れる

庄川での流し網漁で
漁獲されたサクラマス

天然魚の成育場所

　ところで、流し網で獲れるサクラマスのうち、標識魚はいい、これは放流した幼魚が帰ってきているのだから。だが、天然魚も多く採捕されるが、この子ども、つまり天然の幼魚（ヤマメ）は、海に降るまでの１年半もの長い間どこで育っているのだろうか。実際のところ、庄川での産卵場や稚魚の育成場はよく分かっていない。産卵と孵化した稚魚の成育は、合口ダムから下流の本川で細々と密かに行われているに違いない。そして、サクラマス幼魚が人間の目の前にその姿を現すのはアユの解禁日。その日、サクラマスの昨年秋の産卵状況のベールが暴かれる。庄川では中流部の高速道路付近から上流部の合口ダムまでの間のいたるところで、アユの網漁でサクラマス幼魚が捕らえられる。くりっとしたかわいい目。体の側面にある７つほどの小判型のきれいなパーマーク。放流魚に比べ、体高は幅広く、脂鰭や尾鰭の朱色が色鮮やかである。一目見ただけで、惚れ込んでしまうような美しさである。誰が見ても天然魚と確信できる。

　ところで、サクラマスの幼魚は意外と簡単にアユの網にかかる。アユは頭がよくて、すぐに網に慣れる。そして、すばしっこくてなかなか網で捕れないが、サクラマスはそうではない。私のような素人の網にでも掛かる。特に石の荒い上流に行けば行くほど、アユは捕れなくなり、サクラマスだけが掛かることになる。アユの網漁が解禁になると、神通川や庄川でたくさんのヤマメが獲れたという話がいくつも聞こえてくる。私の場合は生態調査を兼ねているので持ち帰ることが多いが、一般の人はどうしているのであろうか。先に、ヤマメがサクラマスとなって帰って来ることを書いたが、どれほどの人がそのことを分かっているだろうか。夏には毎日、毎日アユの網が入る。夏は水量も少ない。そういう苦難を乗り越えて海に降り、マスとしてまた生まれた川に戻ってくるサクラマス。この循環を細々と何代も繰り返して子孫を残してきた天然のサクラマスに、私は畏敬の念を抱かざるにはおれない。庄川の自然にはまだ底力があるようだ。

変化しつづける河川環境

　ところで、庄川の水はきれいである。ここではBODなどという生化学的な

数値を使わなくてもいい。県下、いや全国的に見てもアユ漁の行われている河川では、庄川の水質はトップクラスの水準だろう。庄川のアユのおいしさは県下でも一番という評価が多く、また地元の人々の中には日本一という人もおられる。庄川は上流域に大きな都市をもたない。そして合口ダムから下流では中流部付近で多くの伏流水が湧出している。例えば、平成４年９月２日には、合口ダム（河口から26㎞）下流で4.9mg／ℓあった濁度が、大門大橋（同6.8㎞）下流では0.7mg／ℓに低下している。濁度4.9というのはかなりの濁りで、水中ではほとんど見えない。0.7というのは、それこそ透き透きである。これは庄川中流部の濾過作用、浄化作用が素晴らしいことを物語っている。庄川のアユのおいしさの由縁でもある。

　しかし、最近では庄川のアユの味はかつてほどでもないという川漁師が多い。止まらない低水護岸の構築や砂利採取などの河川工事。平成４年も、いや毎年、どこそこで河川工事が行われている光景がみられる。低水護岸の構築は蛇行幅を狭くし、川を直線化させる。当然、大きな淵は消える。砂利採取を行えば、河床は下がり、平坦化する。これらが庄川の持つ水質浄化作用にも影響を及ぼすのではないかと、心配されるところである。川と海には区切りがない。サクラマスもアユもさっ河性の魚である。濁った水が濁ったまま海に出るようなことになれば、川だけでなく海の生き物にも影響が出てくることになるだろう。

　また、流し網に乗っていると河川の形状もよく分かる。陸から見るのとは大違いだし、アユの友釣りやテンカラ網で川に入っているのに比べても少し違う。何というか、連続的に川を感じられるという具合である。当然、瀬や淵がある。上流部では石が荒く、流速があり、水も少し濁っている。下流部では石が細かく、流れは穏やかになり、水は澄んでくる。水深も竿の入り具合でおおよそ分かってくる。カワヤツメの産卵床などもよく分かるし、魚も見やすい。私は舟に乗りながら、今年のアユの解禁はどこに入ろうかなどと考えながら、川の中を覗き込んでいる。

　しかし、最近の庄川には本当に大きな淵や荒い瀬が少なくなった。流し網をしていてもマスのいそうな淵は両手で数えられるくらいである。それでも、私がアユの毛鉤釣りから友釣りに移る頃だから、昭和60年前後の頃だと思うが、

　そのころはまだ、大きな淵もそれなりにあり、広く強い瀬もあった。当時よく出かけた砺波大橋上流にもよい瀬と淵があった。昼の休憩時間に淵に潜ってみるとたくさんのアユがひしめいており、午後からの釣りに力が入ったものである。その淵でマスが友釣りに掛かる（もちろん最後には切られる）のを見かけたこともある。その瀬と淵も河川工事で翌年にはなくなっていた。

　ある日の流し網の最中に、日頃から河川環境の激変に業を煮やしていたある川漁師が私に言った。「こんなもん、よう見てみい。こんな川が、こんな水が少なて、浅いところばっかで、平坦な川がマスの帰って来る川かよ。建設省とかどこそこのお偉い人にこの舟に乗ってもらえばいいがや。そうすりゃ、よう分っちゃ。こんなもん、マスの増える川かよ」。その人は何千本とマスが帰って来る川のことを言っていたと思うが、私だって水量豊かで魚影濃かかりし頃の庄川を知らない。

　ところで、いざ実際に川を本来の川に戻そうとしたところで、いったい誰が本当の川とはこういうものだということを知っているのであろうか。もちろん、私自身は見たこともなく、ダムがなく、流量が豊富な庄川など想像だにできない。川漁師からは昔はマスが何千本と上ったと言われても私のような者でも俄かには信じられず、一般の人に到っては「へえ、庄川にもマスが上ったんですか」と感心されるのが現実である。私自身もこういう仕事につくまでは、水が途中で取水され流量の少なくなった庄川の本川を、これが本来の庄川だと長らく思い続けていたものである。「本当の川とはどういうものなの、日本のどこにあるの」と子供達に聞かれて、「いや日本にはひとつもないので、見せることができない」と答えざるを得ないことほど、我々水産関係者（だけでないが）にとってみじめなことはないであろう。本来の川の「あるべき姿」を知らない子供達が大人になったとき、川がどのようになるのかは、恐ろしくて想像することもできない。

　庄川は人間様のことはおかまいなしに、今日も雄然と流れている。庄川の環境は、少なくとも魚にとっては、年々悪くなることはあっても良くなることがあるとは思えない。サクラマスの増殖事業の関係者や天然のサクラマスにとっては、今後とも困難な日々が続きそうである。

野外調査雑話①

（平成7年5月）

はじめに

　サクラマスやアユの調査では野外に出る機会が非常に多い。走りながら考え、フィールドが好きな私にとっては適任の仕事だと思っている。もっとも、現状はサンプリングに熱中し過ぎてサンプル処理やデータの解析には頭と手がついていっていないが。今回は趣を変えて今までの調査であったよもやま話について、できるだけ当時の会話を再現して、書くこととしたい。

車のトラブル編

　野外調査はもちろん車でいく。水産試験場で研究員が運転するのはトラックとジープである。では、車のお話からしよう。

　昨年の秋のアユの降下仔魚調査の時のことである。その日は24時間調査を始めたばかりで、夕方近くであった。調査の合間にアユの産卵場を調べていた。日頃、軽四か安物の小型車しか乗ったことのない私は、四駆のジープ（ランクル）で、しかも河原を走れるとなるとうれしくなり、ついあちこち走り回してしまう。今までは多少の水があっても難なく走り抜けていたので、その日も産卵場近くの水際まで車を寄せていた。水鳥がたむろしていたので、「ほらほらほら、どかんかい」と言いながら水深10cmほどの水のゆるみを抜けようとした時である。急にスピードが緩み、エンストしてしまった。横に同乗していたW氏は「あー。しーらんぞ」と一言。「えー、ウソ。ウソやろ」。W氏は車から降り、少し離れたところで状況を見ている。こちらはいちかばちかローで脱出を試みたが、やればやるほど埋もれていってしまった。万事休す。W氏は冷たい目で私を見ている。ここは川の中である。24時間調査も始まったばかりである。今後の調査を考えると目の前が真っ暗になったが、そこは機転のきく私である。すぐに調査機材を車から取り出し、とりあえず調査地点に歩いて帰り（200～300mほど）、16時の調査終了後、庄川サケ・マス協議会の人に頼んでブルドーザーを出してもらった。そのブルドーザーの頼もしいこと、川の中を縦

横無人に動き回っても何ともない。救出してもらった漁業者には「ランクルは車自身が重いから、いくら4駆でも柔らかいところは沈むわ。まあ、無理せんことやな」と言われ、ひたすら頭を下げていた私であった。

　昨年の初冬のことである。新湊でのなぎさ調査（海の砂浜でアユ仔魚をひき網で採集する調査）を終え、岩瀬浜に向かってジープで走行していた時である。突然車を運転していたW氏が「オ、なんかおかしいぞ、ガス欠かもしれんぞ」と言って、急に歩道よりに車を止めた（エンストした）。「ウソ、エンプティランプついとらんねけ。もういっぺん、エンジンかけてみられま」。W氏は「あかんわ、かからんわ」の声。その日の車のメーターは確かに燃料残量が少ないことを示してはいた。しかし、燃料の警告燈が点灯してからも、少なくとも数キロは走れるものと考えていた。（ところが何と、実は警告燈はついてなかったのである）。私は近くの消防署へ行った。「すいません、電話かしてもらえませんか」。そこにいた某氏は「いいよ、何かあったんか？」「あの、車が動かなくなったんです。たぶん、ガス欠だと思うんですが」某氏は「ガス欠？○○○と△△△はどうなっとる」「はあ、○○○とか△△△とは何ですか。」某氏いわく「おまっちゃ、どこの人間？」「水産試験場です」「水産試験場？魚のことしか分からんがいの。おれが行って見てやっちゃ」。その人はご丁寧に車まで来てくれて、いろいろと試行錯誤を試みられたが、最後に「ガス欠やわ」と言って帰られてしまった。結局、水産試験場からポリタンクでガソリンを運んでもらい、無事に水産試験場に帰ることができたが、ガソリンが届くまでの間、停車ランプをつけながら、何とも言えない情けない気分だった。

　この他にも砂浜の波打ち際でジープをはめて、3人がかりで脱出するのに1～2時間ほどかかったこともある。また、庄川でアユ調査を終え、高速道路を使って水産試験場に帰ってきてみるとパンクしていたり、同じく庄川でアユ調査を終え、高速道路を降りて一般道路を走っていると周期的に「シュ、シュ」と音がする。よく調べてみるとタイヤのムシから空気が漏れていたこともあった。また、これは昔のトラックの話だが、ある時急用ができて庄川養魚場へ急ぎ行かなければならないことがあった。トラックしか空いていなかったので、トラックで高速道路を走ったが、途中で、今のサリンではないが目や喉が痛くなり、おまけに頭も痛くなってきた。どうにもならないので高速道路であって

も両窓を開けたまま走行したが、あとで聞いたところによると、マフラーが壊れていて、排気ガスの一部が運転席にも漏れて出ていたということである。その時は（冗談は止めてくれ！）と思ったものだ。しかし、車に関しては悪いことだけではない。

　今年の３月の庄川でのことである。国の人を連れて庄川の調査現場を案内していた。大門付近の河川敷を案内していた時、石川ナンバーの１台のワゴン車が川にはまっているのが見えた。本来ならこちらから積極的に助けてあげるところだが、私は前出の件もあり、また国の人を連れており、帰り時間を考えなければいけないので、少しためらっていた。そうすると、ワゴン車の人が近寄ってきて「すいません。車がはまって動けません。JAFにも電話しましたが、高くてダメです。助けていただけませんか」と言われるので「いいですよ。ワイヤーか何か持っておられますか」「何もありません」「そうですか。じゃ、ちょっとジープの中を調べてみますね」と言って私はジープの前にあるビニール製のカバーを外そうとしたところ、その人は「あ、これはエンジン直結式のウインチ（牽引装置）ですね」「あ、そうですか。じゃ、ワゴン車の前まで動かしますから」と言って私は車を動かしたものの、肝心のウインチの使い方がわからない。そこで、その人に任せることとし、「多少、車はどうなってもいいから、怪我だけはせんといてよ」と念を押し、傍観していた。その人は数十分間程、必死で試行錯誤を繰り返し、やっとウインチが動き、いざ動くとあっと言う間に脱出できた。その人は何回も感謝の言葉を述べ、さらにお礼をしようとする。「冗談は止めてください。この車は公用車、県の車です。そんなことをするより、じゃ、また、はまってる車をみかけたら、今度はあなたが助けてあげてください」といって別れたが、人助けしてうれしい気持ちと、こんなことなら最初からもっと積極的に助けてあげればよかったかなという少しうしろめたい気持ちが交ざって、複雑な気分であった。

感動・大変編

　たまにはビックリすることもある。今年の１月、アユの降下仔魚調査のあと富山湾に面する新湊漁港で灯火調査をしようとしていた時である。私が運転し、調査地点でどこに車を止めようかとしていた時、突然Ｗ氏が「田子ちゃ

ん、ほらそこにアザラシおっぞ」「まーた、ウソつかれんなま。ここは富山湾やぜ。こんなところにアザラシなんか、おる訳なかろがいね」「ほんまやちょが。ようみてみいま。そこに黒いがおろが」「どこにけ。いいかげんにしられか」と言いながらよくみてみると、確かに黒いものが波打ち際にいる。近寄ってみると確かにアザラシで、逃げる気配はない。そういえば、年末にアザラシがいたという報道があったのを思いだした。「え、ほんとにアザラシけ。こんなことはめったにないな。写真とっとこっと」と言って私は写真を数枚とったが（写真）、ある距離まではなんともないが、4〜5mくらいに近づくとアザラシは「ウー」といって威嚇した。でも、特段逃げようとはしなかった。しかし、私達が灯火調査のためにアザラシとは少し離れた場所であったが、海に入ったとたん、すばやい動きでアザラシも海に入った。調査をしている間、アザラシが「スー」と出てきそうで気味が悪かったが、あのアザラシは今ごろ無事に北洋の海に帰り着いているだろうか。

　ひたすら寒く、ほとんど人気（ひとけ）のない冬の海辺で胴長やドライスーツを着て調査をしていても、どこかで人は見ているもので、ときどき見物人がやってくる。小矢部川河口左岸にある国分浜でのことである。アユ仔魚のひき網を終わり、たくさん入った海藻の中からアユ仔魚を取り分ける作業をしていたところ、おばさん風の女性2人がやってきた。ひとりの方が「あんたらち、なんしとんがね、こんな寒いところで」「アユ仔魚の調査、いや、アユの子供を捕っています」「アユの仔魚？アユの仔魚ちゃ、海におんがけ。うそやろ。なんでもいいから、止めとかれ。こんな寒いがに。止めて、喫茶店でも行って、茶でも飲んどかれよ」「いや、仕事ですから」と言うと、その方は「誰け、こんな寒てならんがに、こんなことやれいうて言う人は。どうせ窓際に座っておる人やろ。こんなもん、1匹もおらんだいうて、風呂でも入って暖まってこられ」「いや、好きでやってます」別の女性の方が「あんた、一生懸命やってはんがに、邪魔しられんちゃ」と言って、もうひとりの女性を諫めてくれるが、その方は「さっきからみとっけど、1匹もおらんね。こんな藻ばっかりの中にアユなんかおるわけないね。はやく止めて帰られよ」と鼻息が荒い。ところがW氏がアユを見つけてその方に見せると、「え、これがアユけ。本当や。おったね。これがアユけ。へー、いいもん見せてもろたわ。やっぱりおん

がいねえ。へえー、あんたらち、頑張られか」と、先の言葉を一転させ、感心してその場を去っていかれた。W氏と暇なおばさんもおるもんやのう、と話ながら作業を進めていると、また例のおばさん達が引き返してきて、「水産試験場の人、あんたらちやったら何でも分かるやろ。この貝、今見つけたんやけど、何という名前の貝やろか」と言われるので、（2枚貝の分類なんて水産試験場でもできる人はいない）と内心思っていると、W氏が「エボシガイやわ」と答えたので、その女性は「エボシガイけ。また、いいこと教えてもろたわ。アユといい、エボシガイといい、今日は2つもいいこと教えてもろた。ありがとうえ。あんたらち、頑張ってや」と言って満足して帰っていかれた。後でW氏に「あれ、本当にエボシガイけ」と聞くと、「おう、たぶんエボシガイやろ」（後で図鑑で確認したところ、エボシガイらしかった）。私はW氏の見識に感心しながらも、この寒さの中では、一時でも早くソーティング作業を終えたい気分であった。しかし、まあ、寒くて寂しい海辺で、束の間でも会話を楽しませてくれたおばさん達に少しは感謝しなければいけないだろう。調査でお会いした皆さん、ありがとうございました。

野外調査雑話②

（平成7年10月）

心配・危険編

　前編にアザラシのことを書いたが、調査をしていて猛獣と出会うのは海だけではない。この夏のことである。富山県と岐阜県の県境近くに桂湖（境川ダム湖）というのが数年前にできた。話には聞いていたが、私とはあまり関係もないように思われたので、私はそれまでそこへ行ったことがなかった。ところがある日、地元の村役場から「桂湖にイワナの餌としてワカサギを放流

冬の新湊漁港に突如出現したアザラシ

したいのだがどうでしょうか」との問い合わせがあった。そのときは差し障り
なく返答しておいたが、現場を見ていないという心苦しさが残った。そこで例
によってW氏の養魚場の巡回指導に随行した折りに、桂湖に行ってみることに
した。実際に行ってみると桂湖は思っていたよりも大きく、カヌーとかボート
などのコースもあり、またバーベキュー広場やキャンプ場があり、もちろんト
イレや水のみ場も完備されていて、人間様にとっては、別荘地（別天地）の
ようなところであった。湖面も大きく、大イワナや湖沼型のサクラマスもいても
不思議ではないような素晴らしいところであった。ここでは、何故このような
ダムが必要だったのかについては考えないことにする。天気もいいし、湖面を
渡る風も心地よいので、幸せな気分で橋の上から湖のバックウォーター付近を
魚がいそうかどうか観察していたところ、W氏が「田子ちゃん、ネッシーおっ
ぞ」と言うので「まーた、嘘つかれんなま。ネッシーなんか、おっ訳ないねけ」
と言いながら反対側の湖面をみると、遠くに確かに何か泳いでいる。が、遠す
ぎてよく分からない。「あれ、犬でないがけ」「犬か。水鳥でないがか」と、お
ちょくった本人はもう関心がない。ところが、よく見るとその「生き物」は湖
面を横断しようとしているらしい。（こんなところに犬がいようか。犬なら橋を
渡ればいい）。さらによく見るにつけ、泳いでできる波紋がとても大きい、そし
て黒い。「Wさん、あれクマでないがけ。きっとクマやわ」「うそ。クマか」。確
認するために、ズームのきくカメラを急いで取りにかえって覗いてみると、や
はりクマであった。湖面の中央部を過ぎる頃からクマもこちらに気づいたのか、
泳ぐスピードが速くなった。上陸地点は予測できる。どうするか。アザラシの
ように写真を撮りたい気もする。しか
し、クマは陸に上がると速い（と思っ
ている）。ツキノワグマとはいえ、格
闘して勝てる相手ではない。「Wさん、
ジープとってきて、車の中から見とっ
た方がいいがでない」と言うと「オッ、
恐いがか。あんた、とってこられよ」
と、さも、（クマが恐いのか）と言わ
んばかりである。仕方なしに一人で車

桂湖で再び姿を見せて
くれたツキノワグマ

をとってくると、当のW氏は木の陰からそうっと首をだして見ている。W氏も
やはり恐いらしい。結局クマは上陸してから動かなかった（と思った）。私たち
も近づけないので、その後クマがどうなったかは知らない。
（なお、これには後日談があり、平成14年11月11日、私はブラックバスの調査
で桂湖の湖面をボートで走行中、クマと遭遇した（写真）。この時はボートに
乗っていて私が有利な立場にあったので、クマを慌てさせてしまったが、当時
の思い出がよみがえり、なつかしく思うと同時に、再び、そして今度は真近
に、その姿を見せてくれたクマに深く感謝したものである）。

　話は続いて帰り道のことである。ダムサイトを車で走っていると、W氏が
「田子ちゃん、そこにクマおるぞ」と言うので、車を止めて覗こうとすると、
「親子連れだから、じっと見るな。気をつけろ」と真剣に言う。おそるおそる
見てみると、何のことはない、カモシカの親子である。「怒るよ。カモシカや
にけ。あんた、クマとカモシカの区別さえ、つかんがけ」「あれ、カモシカか」。
それにしても、W氏は変わったものをよく見つけるので、いったいいつもどこ
を見ているのかと不思議に思う。それはさておき、とにかく、ここでこのよう
な動物の行動を見ることができたということは、この地域に生息していた生き
物のうち、イワナやヤマメなどの魚だけでなく、クマやカモシカといった動物
達も、ダムの建設によって従来の生活スタイルを大きく変えざるを得なくなっ
たことだけは確かであろう。

　この水試だよりが出る頃は秋も深まっていると思うが、この時期、内水面課
はアユ、サケ、サクラマスの調査が重なり、とてつもなく忙しくなる。このう
ち、アユの降下仔魚調査は、主に秋から冬にかけて行う。この季節は小春日和
の穏やかな日もあれば、霰の降る寒い日もある。穏やかな日は、たとえ夜間調
査であっても気持ちがいい。調査場所はサケのヤナ場であり、サケの遡上を見
ながら、アユの親を採捕をする余裕さえある。しかし、天候の悪いときはたと
え10月であっても寒く、降下仔魚を採集するのがやっとのこともある。話はず
れるが、調査日の天候については、これは調査に行く人のジンクス、例えば晴
男、雨男があると言われるが、これは確かにあるようである。また、個々人と
は別に人と人の組み合わせもあり、「嵐を呼ぶ組み合わせ」というのも出てく
るようになった。とにもかくにも、調査日の天候は神に祈るしかない。

　この調査ではシーズンに一回、24時間調査を行う。昨シーズンはこれを河口から5.5km上流の降下仔魚調査、河口の降下仔魚調査、河口左岸の砕波帯での灯火調査の３つの調査をそれぞれ２時間間隔で行った。この時もW氏に手伝っていただいたが、最初のうちはよかったが、深夜になってもほとんど眠れない状態で調査が続くと、「田子ちゃん、俺の年を考えてくれよ。俺を殺す気か」「そんなこと言うても、今、うちの課にはあんたしかおらんにかいね」という会話を交わすようになる。そうしながらも、調査を手伝うのはお互い様だから最後までやってもらったが、確かに、後へ行くほどしんどくなり、あと何回、あと何回と心で数えるようになる。この心境には、海が荒天の時に船酔いに耐えながら、あと何調査点と自分に言い聞かせるのに通じるものがあるかもしれない。

　また、アユ仔魚の降下がいつまであるかを調べるにはどうしても冬まで調査をしなければならない。冬の調査はつらい。まず、調査地点まで車で行けない。積雪30cmくらいになると河川敷は恐くて、たとえ４駆のジープであっても走れない。どんな吹き溜まりや窪みがあるか分からないし、あるところまでいってスタックすればもうどうしようもなくなる。それで冬の調査は器材をかついで、てくてくと20分ほど歩かなければならない。ネットでの採集もつらい。もう、ネットを固定できたサケのヤナは撤去されている。手で持つしかない。水温は約４℃、気温は氷点下、天候吹雪、河川流量は毎秒100トン近くある。胴長をはいている。倒れれば命の保証はない。ネットを持っている５分という時間がこれまた長い。長い。長すぎる。何回も時計を見る。昔、アインシュタインの相対性理論というのを読んだことがあるが（もっとも、私には難しすぎて何をいっているのかほとんど分からなかったが）、これを説明するのに次のようなたとえ話があった。確か、赤々と燃えているストーブの上に５分いるのと、恋人と過ごす１時間とどちらが長く感じるかというような話だったが、そりゃ、ストーブ、いやネットの５分のほうがはるかに長い。ともあれ、調査にはつらいこと、多少とも危険を伴うこともあるが、しかし、生態、資源研究ではこのような調査は避けて通れない。自分でも知りたくてしょうがないし、またどうしてもほしいデータというものはあるものだ。

　今年度から河川内有効利用調査というのが始まって、さらにフィールドへ出

る機会が多くなってきた。この調査にはいろいろな項目があるが、その1つに
「淵（深み）」の魚類への有効性というのがあって、浅いところに人工的に深み
を造り、魚類への影響を調査している。

　フィールドで実験、試験を行うには多少の危険性や心配が伴う。淵を造るこ
とそれ自体さえ、いろいろな煩雑な手続きがあるのだが、ここでは触れないこ
とにする。とにかく、この夏に庄川で20〜30cmの瀬に人工的に深み（80〜100
cm）を約10m×20mの規模で造った。ちょっとした人間用のプールのようなも
のである。平水の時には何でもないが、増水時には危険である。漁業者や遊業
者には何でもないだろうが、児童の遊泳で何か事故でも起こりはしないかと心
配になる。「深み」を造った後は3日間休みであったが、心配でたまらず毎日
現場を見に行ったものである。現場に行って、何もないことを確認し、かえっ
て魚がたくさんいるのを見つけては、ほくそえんだものである。もちろん、こ
の川にはもっと大きな淵はたくさん（？）あり、この程度の深みは何でもない
と言えばそれまでだが。

　調査をしていて、この「深み」にアユがたくさん入っているのが確認されて
から、うれしいことに、この「深み」に毛鉤釣りの人が見られるようになって
きた。時は9月も下旬、アユ漁も終わりに近づいた頃である。その日は珍しく
増水しており、「深み」の中心部で立っていられない状態だったので、すぐに
調査を断念した。庄川は発電の関係でいつ増水するのかは全く分からない。仕
方なしに、テンカラ漁をやっている2人組を見ていた。2人が「深み」に近づ
いてきたので、「やあ、あんたらち、ここ深いが知っとっけ」と言うと「ここ
け。ここ、おっとろすけない程深いよ。はーん、あんたらち、ここで調査しと
んがけ。おわ、アユおっかどうか見てあげっちゃ」と流れの強い中をザブザ
ブと泳ぎ回った。それをT君とみていたが、「おい、Tよ。やっぱり危ないな」
「危ないですね」と深みの存在を知らないとやはり危なく思える。その人は「な
あーん、アユおらんわ」と言って下流に下がって行った。

　で、その日は調査ができなかったので翌週のことである。やぼ用があって
4時頃、T君と現場に着いた。「いや、Tよ。やばいぜ。止めっか。毛鉤釣り
の人がおるな」と一応、釣り人に遠慮した言葉を言うと、T君は「別に、いい
んじゃないですか、水試といえば」と尊大なことを言う。そこで、車を降りて

やおら釣り人に近づき、「おじさん、釣れっけ」と聞くと、「まあ、まあ」と言う。「ここに、よくこられるが」「いや、2、3回やわ」「水産試験場の者ですけど」「はーん、何か調査しはんがけ。やられ、やられ。おわ、あっち、行くちゃ」「すんませんね」となって、調査は心よくさせていただける。水深、流速、水温と定点をずれるごとに「今、一番釣れとんがいけどな」と言いながら、あっちこっちに動いてもらっている。と、そこへ車（四駆）をとばして、別の釣り人が来た。先に釣りにきている釣り人に「釣れっけ。鉤は昨日の鉤け。この人らは、か、なんしてはんがね」と言うと「水産試験場の人やわ。さっきから2時間ほど、水質の検査みたいがしてはるわ」「はーん、水産試験場の人け。あんたらちけ、ここに穴掘らはったが。わざわざ、ご苦労なことや」と言うので、水の中にいた私は「すんません、もうちょっとだけ水中眼鏡で水の中、見さしてもろちゃね」と言うと、「どっだけでも、やってくだはれ。庄川に魚増やすがなら、何でもしられ。何でも協力すっちゃ」と言われる。そこで、水の中を覗いて、「アユ14」とT君に言うと、それを聞いていた釣り人は「あんたの前に、そんないっぱいアユおっけ」「ええ、アユだらけやわ」で、別の釣り人の前で「アユ40」というと、「おい、聞いたか、ここにアユ40やとよ」。

　ここで断っておくと、アユ40というのは、はなはだアバウトな数字である。しかし、アユが多すぎると重複や逸脱を考えずに、一気に数えるしかない。釣り人達は、私の言う数字にすごく満足して釣りを続けていた。ほとんど真っ暗に近くなってから、2人の釣り人は川から上がってきた。釣果を聞くと、先から来ている人は50〜60尾、後から来た人は十数尾だという。釣れたアユを見せてもらったが、型は小さい。「何故、ここに来るのか」という質問に対しては、「釣れるから」だという。庄川には毛鉤釣りができる淵が非常に少なくなったという。この場所は本来深みができる場所でないので、少数の人しか知らない、いわゆる「穴場」であろう。他にいい淵が多くあるなら、あえて小型の多いこんな場所では釣る気になれまい。それほど庄川が本来の川らしさを失ったということだ。こういう調査が始まったのも時代のなせるものであろうが、たかだか水深1m近くの深みを造って、アユが集まった、釣り人が増えたと喜ぶのは、本末転倒のような気がしないでもない。

野外調査雑話③

（平成8年1月）

海上編

　時に、ある人に「田子さん、アユの子ちゃ、海におんがけ。おらまた、ア
ユちゃ、ずーっと川だけにおんがと思うとったちゃ」と言われることがあり、
「ええ、一生の半分は海にいますよ」と、半ば驚いて答えるが、魚に関心のな
い人にとっては、アユの子がどこにいようが、どうでもよいのかもしれない。
しかし、アユの仔稚魚は海で育ち、一生の半分以上を海で、いや春から初夏に
河川に遡上したアユの多くが夏の間に人間に漁獲されることを思うと、多くの
アユは海での生活が一生の大半を占めるといっても過言ではない。とにかくア
ユの仔稚魚は海にいて、その生態は未だに謎に満ちた部分が多い。で、当水試
の調査船「はやつき」（19トン）のお世話になり、微力ながら海域でもアユの
調査を行っている。

　魚の生態調査は普通、事前に時期と場所を決めて計画的に行うものである。
もし、ある程度の予備的な知識・情報があれば。しかし、アユ仔魚の場合は調
査事例が少なく、太平洋側で2、3の調査事例はあっても、富山湾はもちろん
日本海側での調査例は過去にはない。それで、調査場所にしても採集方法にし
ても手さぐり状態である。とりあえず表層用のネットを作り、曳網する。しか
し、仔魚はどこにいるか分からない。それで最初のうちは、調査員である私

は、ここを曳いてくれ、あそこを曳い
てくれ、とわがままなことを言い、寛
大な「はやつき」の方々は、それにつ
き合わされることになる。以下は、海
上調査での2、3の話である。

　神通川河口付近で、仔魚ネットを曳
網していた時のことである。天候は、
晴。海は、荒れてはいない。私は、ト
モ（船尾部）で海上を見つめていた。

雄大な立山連峰を背景に富山湾でアユの
仔魚ネットを曳網する調査船「はやつき」

と、軽い衝撃とともに船が一瞬止まったような気がした。Nさんが何か叫びながらオモテ（船首部）からトモの方へ駆けてくる。船の後方では砂が濛々と舞い上がり海水が茶色くなっている。どうやら船底が何かに乗ったらしい。その時は内心、（これはまずいことになった、どうなるのだろう）と思ったが、乗ったところが砂地だったらしく、船長の操船ですぐに脱出することができた。巻き上がった砂で一面が茶色く染まった海面を見つめながら、大事に至らなくて良かったという思いと、船の人に何かすごく悪いことをしたような気がして、気が落ち込んでしまったのを覚えている。後で船長に聞いたところによると、水深10m付近を岸と平行に曳航していたのだが、突然水深２m位のところが出現したのだという。それ以来船長は、「河口付近は何があるか分からない」と言って警戒感を強められ、心なしか、船が陸に近づく距離が以前より遠くなったような気がしないでもない。

　今度は、庄川沖の伏木外港の離岸堤付近のことである。現在小矢部川（庄川）沖には新しい港が建設中である。海中での新しい構造物には魚が蝟集しやすいことが知られている。それで、岸から１km程沖合の離岸提のそばを曳網していた。時期は真冬（２月）。天気は快晴、凪。冬場にはめったにない調査日和だった。２定点の調査を終え、３点目のことである。順調に曳網が終わり、次の調査地点へ向かおうとした時である。通常なら船の速度が上がるところなのに上がらない。変な振動音だけが響いてくる。私は、いやな予感がした。船長は何度もいろいろ処置を試みられておられたが、いっこうにらちがあかない。どうもスクリューに何か巻いたらしい。（ああ、やってしまった）と思ったがどうにもならない。その場で潜ってスクリューを見ればいいが、今は冬である。タンクとドライスーツがあれば、私だって簡単に潜って見てこれるが、潜る用意は何もしていない。そうこうしているうちに、船長には「調査を止めて、滑川（水試）へ帰る」と宣告される。そのまま、低速で滑川へ帰ってきたが、何か船の人には申し訳ない気持ちでいっぱいであった。後で、工事用のワイヤーがスクリューに絡んでいたのが分かったが、その調査場所は前にも何回も曳いており、また、当日も船上からは何も見えなかったので、ひっかけたワイヤーは底から中層にまで突き出ていたとしか考えられない。海はただ走るだけでも危険ということなのだろう。

　この日も真冬であった。滑川漁港を出航する頃には雲は多かったが薄日も射しており、海は穏やかな凪であった。ネット曳きには申し分ない日和である。ところが、庄川河口沖に近づくにつれ、視界がだんだん悪くなってきた。最初の調査地点の曳網中に視界が極端に悪くなった。おまけに雪も降ってきた。濃霧と雪で回りが何も見えなくなってしまった。もし、レーダーがなければどの方角が陸で、どの方角が沖かは全く見当がつかない。もちろん、調査どころではない。庄川沖は伏木港の沖でもあり、漁船の他、一般の船舶の通過量も多い。最初の調査地点で調査を打ち切ったが、帰ろうにも船のスピードが出せない。船長はしっかりと舵をにぎり、NさんとH君は甲板に出て、真剣にワッチしている。と、突然、濃霧の中から大型船がそれこそヌーと出現した。レーダーでは分かっていたらしいが、やはり突然姿を見るのは気味のいいものではない。(こんな濃霧の中で衝突するとどうなるのであろう)と、考えるとやはりゾッとする。こんな時に全く役に立たない私は、その日は以後レーダーの監視を命ぜられ、濃霧から脱出できた神通川沖付近まで、レーダーとにらめっこしていたのを覚えている。たかが、沿岸の表層のネット曳きと言うなかれ。このように、大変な事も多いのである。

　海でも時に拾い物をすることがある。この日も冬であったが、天候は晴、海は凪であった。調査の帰りに神通川沖にさしかかったところ、前方に漂流物が見える。よく見ると巨大な流木であった。時価いくらくらいするのかは分からないが、見るからに高そうな木材である。そのまま放っておくと船舶の航行にも危険である。幸い時間的余裕もある。船長の判断で伏木海上保安部に連絡をとり、巨木にロープをかけ、それを船尾後方へつけてゆっくりと曳航しながら富山港へ運び、保安部に引き渡した。もちろん、所有権等は放棄である。船長は「シーマンシップよ」といっておられたが、同乗している調査員の私でさえ、何かいいことをしたような、ちょっとうれしい気分になったものである。

　なにか凪の日ばかりのことを書いているが、そんな事はない。アユ仔魚調査の季節は秋から冬。富山湾とはいえ、日本海である。荒れる日の方が多い。調査地点へ行くまでにも何度か引き返した事もあるし、調査途中で天候が急変し、打ち切る場合もある。それまで、鏡のように穏やかであった海が突然、まるでちょっとしたことで怒りだした女性のように(と書くと、そうでない女性

も多数おられるであろうから、「私の妻のように」と書くのが正確かもしれない）、突風とともに荒れ狂うこともある。アユの調査だけでも30回程乗っているが、とにかく海の表情は毎回違って見える。

　それにしても、「はやつき」の方々には本当にお世話になっている。お蔭様でアユ仔魚は多数採集でき、その成果の一部を水産学会で発表させていただいたが、表層でのアユ仔魚の分布に関しては、新しい知見だったと思っている。最近は中層、底層曳きを試行錯誤して行っているが、度重なる私のわがままを嫌な顔ひとつされず、揺れる甲板の上で黙々と作業していただいている船の方々の姿は、まるで神様のように見えてくる。とても「はやつき」の方々には足を向けて寝られない（幸いな事に、私の家はその中では一番西方にあり、以前から足は西に向けて寝ている）。とにもかくにも、船に乗るごとに船員の方と海には感謝している。海に素人の私が、これ以上書くのはあまりに恐れ多いので、この辺で止めておこう。

懺悔編

　たとえ短くともやはり懺悔編は書かねばならない。アユ解禁前の庄川。アユの遡上状況を調べている。一人で投網を打つ。網を引く。アユがたくさん入っている。そっと、回りを見回す。誰か見ていないか。誰も見ていないのを確認してほっとする。（誰も来ませんように）と祈りながら網を打ち続ける。サンプルをジープまで運ぶのにも苦労する。運悪く人が寄ってきて話をする場合もあるが、その時は説明をしなければならない。幸いジープには「富山県」の文字があり、効き目はそれだけで十分であるが。もちろん、調査場所は人目を避けたところを選んである。だが、釣りキチはどこにでも出現する。アユ解禁前の川はいたるところに人の目が光っている。

　別に悪いことをしている訳ではない。しかし、たとえ特別採捕許可を持っていても、解禁前にアユをとるのは気持ちのいいものではない。まるで密漁をしているような気分である。私がアユ釣りをするだけに、よけいにその気持ちが強い。手のひらにのった香りの強い若アユを見ながら、（こんなことが許されるのだろうか）と変な錯覚に陥ってしまう。中には調査なのだから、解禁前でもテンカラ網でも使って堂々とやればと言う人もいるが、冗談ではない。そん

なことをすれば、人とのトラブル続出で、調査どころではないだろう。私は放流湖産アユの追跡調査などは解禁後にしかやらないことにしている。しかし、遡上調査は遡上期にしかやれない。ひっそりと、目立たないところで。アユの解禁を一日千秋の思いで待っておられる人たちに、私はここに懺悔します。「ごめんなさい。でも、これもひとえに、アユのためです。お許しを」。

　野外調査では予定外に多くサンプルがとれてしまうことがある。アユの降下仔魚や海域でのネット曳きは仕方がないにしても、砂浜でのひき網などで数千尾が一度にとれてしまうと、（あーあ、もったいない、かわいそうなことをした。この数のアユが川に上っていれば）と、つい考えたくなる。私はある人に「もう１回の田子ちゃん」と言われる。なぎさ調査や追跡調査で、ひき網やテンカラ網をもう１回、もう１回と言うからである。しかし、それは一定量のサンプルが欲しい場合の時であって、足りていればそんなことはない。また、灯火調査のように数のいらない場合もある。中には私から見ても、そんなにとってどうする、と言いたくなる人もいるが、やはり必要以上にとるのは戒めたい。私はサンプリングと称して多くの魚を殺生し、また、多くの人々の協力を得て来た。である以上、その懺悔として、調査結果をどういう形の論文にせよ論文として残さない訳にはいかないと思っている。論文は魚たちへのレクイエム（鎮魂曲）と考えたい。

■　終わりに

　水も冷たい３月、庄川の大きな淵でサクラマスの降海幼魚をとるために１人で投網を打つ。鎖（錘）を引っかけて胸まで入った。あのとき足でも滑らしたら。梅雨時の大増水時、アユのとりたさに思い切って中州に渡る。その渡る途中の１歩がもう少し深かったら。サクラマス親魚見たさに大きな淵にスキューバを担いで潜っていた時、陸上から大きな石を投げられた。それが頭にでも当たっていたら（川ではバデイシステムは有効ではない）などと、後で考えると恐ろしく思える時もある。私だけでなく、手伝いに来てくれた同僚が川に流されそうになり、思わず天を仰いだこともある。このように野外調査にはいろいろと危険と苦労が伴うのであるが、データにしてしまえばただの数字になってしまう。そして、データの背後にある労力は、分かる人にしか分からない。例

えば、同じ河川調査にしても、庄川のように夏場の水量は10トン／秒ほどしか
なくても、サクラマス幼魚の降海期にあたる３、４月には数十トンから百トン
／秒を超えることもある。そんな中の採捕データとわずか数トンしか流量のな
い河川での採捕データとは自ら意味するものが違ってくる。水温３℃、４℃と
書けばそれまでだが、どれだけの人がその冷たさを実感できるだろうか。その
冷たい水の中に投網を打ち続け、または吹雪の中で仔魚ネットを持ち続ける。
データの意味するものは、いやと言うほど体で実感している。

　また、最近は野外調査で完璧なデータなどあるはずがないと思うようになっ
てきた。皆たくさんの事業量を抱え、調査日や準備を十分にとる時間的余裕は
ない。野外へ出る。水温計をちょっとしたはずみで割ってしまう。雨の中で流
速を図る。気をつけてはいても、そのうち水が流速計にしみこんでくる。流速
計が機能しなくなる。以後のデータは測定できなくなる。川が大増水する。海
が荒れ続ける。計画どおり調査に出られない。夜中の調査中に車がパンクす
る。次の調査時刻に次の調査地点に行けなくなる。深夜、最終の調査が終わっ
てすぐに後かたづけに入ったため、記録をつけ忘れたこともある。欠測は痛
い。しかし、数多く野外にでていると、すべての調査において欠測が全く伴わ
ないというのは、ありえないことと思えてくる。

　昔の話である。W氏と一緒に庄川へアユの毛鉤釣りに行ったことがある。そ
の時はたまたま大きいアユがよく釣れ、二人とも非常に満足したのだが、帰り
際、夕日で川一面が黄金色に染まった時、私が夕日に向かっておじぎすると、
W氏が「田子ちゃん、なーんしとんがや」と言うので、「え、川の精霊に感謝
しとんがや」「エー、川の精霊だって。ウフフ」「悪かったねえ。おわの勝手や
ろがね」。それ以来W氏には時に、「川の精霊」とからかわれている。しかし、
私はこれまでの野外調査で事故にも会わず無事にこられたのも、そういう見え
ないものの存在のおかげだと信じている。自分の見栄とか欲で行動すれば別だ
が、魚のため、環境保護のため、ひいては他人のためにやっている限り、決し
て特別良いこともないが、少なくとも最後の一線だけは必ず守られると固く信
じている。そういう信念なしには、少なくとも私は、安心して野外調査ができ
ない。今後もいろいろな野外調査があるだろうが、決して奢らずに常に謙虚に
行動し続けて行きたいと思っている。

内水面の漁法―投網漁①

（平成８年５月）

■ 投網を始める

　最初に投網についてなじんでもらうために、恥ずかしながら自分の投網歴から触れたいと思う。投網（アユ用の投網）を初めて打ったのは、今からかなり前のことである。庄川や神通川などでアユの毛鉤釣り、あるいは友釣りをしている時、特に釣れない時など、投網を打っている人を見ては、「網なんかでは、簡単にたくさん取れるんだろうなあ」と羨ましく思ったものである。そして、常々機会があれば投網を打ちたいという願望をもっていた。それで当時は水産漁港課にいたが、何とか投網を打つ権利（？）なるものを合法的に得て、投網を打つ機会に恵まれることとなった。もちろん、当時は投網などという物は簡単に投げれるものだと思い込んでいた。投網を最初に打った場所は、神通川との合流点に近い熊野川である。時刻は夕方。無知とは恐いものである。網のさばき方はおろか、網の持ち方さえ知らないのである。広がるはずがない。重い鎖が網と一緒に束ねて飛んで行くだけである。（おかしい、こんなはずではなかったが）と内心思ったが、数回投げて、あまりにばかげていると自ら感じて、その日はすぐに帰った。

　が、当時はまだ若く、網の持ち方だけを人に聞いて、数日後同じ場所に行った。今度も今から思えばほとんど広がっていないが、最初の日のように重い鎖が網と一緒に束ねて飛んで行くだけのことはなかった。もちろん、魚は捕れない。そうこうしていると、ある遊漁者（か漁業者かは定かではない）が近づいてきて「とれっか」と聞く。「全然。網、始めたばっかりながで、なーん、あかんちゃ」と答えると、その人は「許可証を見せろ」などと野暮なことは聞かない。さっきから、私の網の広がらないのを見ていたのだろう。親切に網の持ち方、さばき方、投げ方を教えてくれた。目の前でやってくれるのだから、こんなうれしいことはない。「まあ、最初だからこの投げ方でいいかろ。そのうち、ちょっと工夫しりゃ、いいかろ」と言って去って行かれた。投げ方は、肩に網の３分の１ほどを掛け、主に右手と腰で投げるもので、富山水試の普通の

研究員が行っているものと同じである（後で述べるが、これは左手が遊んでいて、あまりいい投げ方ではないと思う）。なるほど、教えてもらうとそれなりに広がることもあるようになった。それで、元気が出て1〜2時間ほど網を打ったが、最初の獲物はオイカワだったような気がする。

【独学？の苦労】

投網はある程度うまく投げれないと神通川のような大河川では打つ気にはなれない。それで、それから、度々、熊野川へ通うこととなった。網は、何となく広がることもあれば、三か月状態の時もあり、また失敗することも多かった。それでも、魚は捕れ、主にオイカワが多かったが、アユも時々入った。川が濁っていれば、下手な打ち方でもアユは入る。網の中でアユがきらめくのは、やはりうれしいものである。ところで、何度も川へ通ううちに、どうして確実にうまく広がらないのだろうという苛立ちが起きてきた。投げ方が悪いのか、さばきが悪いのか。それとも網か。夏の夜、夕涼みを兼ねて、富山女子高校のグランドで何度か投網の練習をしたことがある。グランドでは投げた鎖の状態が分かるので、どの程度の広がり具合かがいやというほど分かる。それでも、広がる時とそうでない時の差が何なのか分からなかった。

【川漁師からのワンポイントアドバイス】

数年そういう投げ方で過ごしたある秋の昼下がりのことである。産卵に下がってきたアユを捕りに神通川の本流で網を打っていた。そこへ、投網を打っていた舟が近づいてきた。内心（いやだな）と思ったら、案の定「おまえ、許可証もっとんがか」と聞いてくる。あいにく車に忘れてきていた。「あれ、車に置いてきたわ。取ってくっちゃ」「そんなもんいいちゃ。ところで、あそこに赤い旗立っとけど、あの旗がいわんとする禁漁ちゃ、いつからやったか知っとっか」「明日からやちゃ」「何で知っとんが」で、詳しく説明してあげると「ふーん、そんながか。なら、今日あそこ打ってもいいがいの。ところで、お礼に網の投げ方教えてやっちゃ。おまえ、ここで投げてめいま。おまえみたい投げ方しとるやつ、神通川にはおらんぞ」「ほんとけ、おわ神通川の人に教えてもろたがやけどな」「だいたい、おまえ左手遊んどろが。左手にも網もたなあかん」と、ワンポイントレッスンを受ける。何度か目の前で投げさせてから、「網も広がりにくい網やけど、あとは、回数やな」と釣具店に売っている

安物の網を批判して、去って行った。情けないことに、ここで初めて、投網の両手持ち（もちろん、左手は網本体を持っているのであるが、親指、人差し指、中指でさばいた網を持つこと）を始めたのである。

　網の両手持ちを始めてからは俄然投げやすくなった。何で今まで左手で網を持たなかったのだろうと不思議な気持ちになる。また、右手の小指と薬指を鎖にかけ、その放すタイミングも気にかけるようになった。投網のフィールドを上市川に変え、何度か通った。上市川は手ごろな川で、スーパー農道付近のアユは富山県の中でもおいしい方だ。上市川に通って、広がる確率は高くなった。水試ではサクラマスやアユの増殖を担当し、投網を打つ機会が俄然増えた。水試からの帰宅途中に上市川に寄り、何度かおいしい思いもした。しかし、投網の方は時として広がらないこともあったし、神通川や庄川で漁師の投げ方を見ていると、自分の投げ方は何故かさばき方が遅く、少し違うような気がした。

　そして、何年かまえの梅雨の大増水の日、私は放流湖産アユの追跡調査のために庄川で漁師と投網を打っていた。その日は濁っており、網を打った場所も人が入っていなかったらしく、アユは多く捕れた。その終わりがけ頃、その漁師に「田子さん、あんたここで網投げてみられま。何かおかしないか」と言われ、その人の前で投げてみた。と、左手で網本体をもつ手の握りが上下逆だったことが判明した（肩に掛ける網の部分も少し違っていたが、こちらはたいした相違ではなかった）。愕然とした。投げにくいはずだし、さばきが遅いはずである。さらに、ここで初めて投網の仕舞い方も教わった。余りの愚かさに、この後水試の図書室で初めて「投網入門」なる本を見たものである。

　握りを直すと、以降は、ゴミなどの除去の手抜きをしない限り、失敗はなくなった。こんなにも簡単なものだったのかと思うくらいである。もちろん、それまでに数多く投げているからでもあるが、目から鱗が落ちる思いだった。今では、右手の小指や薬指の放すタイミングを気にすることもなく、左手もほとんど意識する事なく、造作なく投げても広がるようになった。流れが緩ければ、胸付近の水深まで立ちこんでも大丈夫である。もちろん、これも程度（アユでも網の大きさもあるし、もちろんサケやマス用の網は投げたことがないし、ウグイ用だったら少々きつい）の問題で、また自分にしか通用しない投げ

方かもしれないが、自分なりの投げ方を体で覚えてしまったようである。もう今更、基本的な投げ方を変える気にはならなくなった。

　これは例えば、スキーの上達の過程を思い浮かべてみるとよく分かると思う。スキーを1人で独自にやっていても直滑降ぐらいしかうまくならないだろうが、ボーゲンから順序正しく人に教われば、スキーを楽しめるあるレベルまでは、比較的短期間でいけるのではなかろうか。投網の投げ方にしてもこれと同じで、最初に持ち方、さばき方、投げ方、寄せ方を教われば数時間の練習で投げれるようになるだろう。また、一定のレベルに達するのも早いと思われる。ただ、そこから先は独自の練習と経験しかないのではなかろうか。

【研究員には投網は必須科目？】

　水産試験場においては、内水面だけでなく海面においても、例えばクロダイ、ヒラメ、クルマエビ等の野外調査において、各研究員は自ら投網を打つ必要性が生じてきて、それなりの練習を行ってきたはずである。前回までの野外調査雑話編で度々登場していただいたW氏も、海での調査で投網を数多く投げられたそうである。W氏がどれだけの技術かはよく分からないが、「最後は自分なりの投げ方をマスターするしかない」と言う点では私の意見と一致している。調査の内容にもよるが、少なくとも私にとっては、投網は野外調査に欠かせないものとなっている。

　何年か前のある初夏の夕方近く、W氏とTさんと上市川へアユを捕りに行ったことがある。その時は今ほど上手くはなかったが、打つには打てた。W氏はスランプ（投網にもスランプがあるらしい）状態と言い、その場で練習しておられた。それで、Tさんと二人で打ち上がり（川の上流に向かって打っていく）、そこそこアユを捕ったところでW氏のことも気になり引き返した。そして、元の場所へ近づいてくると、夕暮れ時の空に、時々、フワー、フワーと網が浮かび上がるのが見えた。「おい、田子ちゃん、あれSちゃんでないがか」とTさん。「うそ、あれ、Wさんけ。ずうっと同じ場所におられたんやろか」。さらに近づいてみるとやっぱりW氏であった。初夏の上市川の、今にも暮れようとする薄暗い空に向かって、同じ場所でひたすら投網を打ち続けるW氏の光景が、今でも脳裏から離れない。

内水面の漁法─投網漁②

（平成8年10月）

投網漁の達人

　神通川の吉田信さんは、神通川はもちろん、全国でも屈指の投網漁の名人の1人であろう。吉田さんの投網の投げ方は豪快である。吉田さんの使っていたマスの投網は丈が3間半、円周が1目4寸の360目、重量13kgというからとてつもなく大きい。吉田さんの往年の姿はビデオや写真でしか見ていないが、それはすごいもので、13kgもの投網をいとも軽々とたんたんと打っておられ、豪快そのものである。アユでも10節、1200目の網を打たれたそうである。実は吉田さんは若い頃、農作業中に戦争のなごりである焼夷弾にふれて左手首から先を喪失されている。最近、機会があって実際に投網を投げられるところを見させていただいたが、左手首が不自由でありながらも、実にうまく投網を投げられる。最初はどうやって左手首を使わずに網を捌かれるのだろうと捌きに注目した。

　吉田さんは体の正面を下流側に向けてヘサキに立ち、手縄から網のある部分までを左手にくるくる巻かれた後、網の一部分を左肩に掛け、右手で網を捌いた後、右手で親指から小指の各指で、ほぼ均等に網を等分して挟んで手の甲を表にし、少し網を右方向に一旦軽く揺すった後、その反動を利用して左肩背後上部に網を思いきり振り上げ、さらにその反動を利用して振り向き様に右肩後方（下流側からみてヘサキの左前方）に勢いよく投げられた。形としては横に8の字を描くような感じである（すくい取りの投げ方になるのだろうか）。私は前に両手持ちうんぬんと書いたが、ある域に達すると、両手、片手は関係ないものらしい。そういえば、以前に片手首が不自由な人であったが、アユの友釣りをするという人に会ったことがある。どうやってオトリを代えるのか見てみたいものと思うが、慣れ

若き頃？の吉田信さん。
アユの投網を投げる瞬間

ると簡単にできるという。そして、釣果も人並だというから、人間の秘められた能力には限りがないものなのかもしれない。

　その吉田さんも今のような投げ方にされたのは、昔、神通川で名人に出会ってからだと言われる。吉田さんに言わせると、その名人（後に師匠となる）は私（田子）に似て、小さく細身であったらしいが、実に上手に、広く、まるで落下傘のように投網をまいたそうである（オモリは軽かったらしい。だから小さい人でも投網は打てると吉田さんは言われる）。吉田さんはその名人がくると、恥ずかしくて投網を隠したそうである。名人は奥さんと舟に乗っておられたらしいが、ある日その名人の家へちょっとお茶を飲みに行ったところ、たまたま奥さんが足を捻挫して、舟に乗れないと言う。そこで吉田さんが代わりに舟に乗ることになった。吉田さんは師匠に「片手でも投網はまけるか？」と聞いたところ、「まける」と言うので、その師匠の家に１カ月程住み込みをし、必死に覚えられたそうである。吉田さん34才の時である。その頃、吉田さんは気狂いのようになって網のまき方、網の作り方を習得された。奥さんにも毎日のように網の修繕の手伝いをさせるので、「網を繕いに嫁に来たのではない」と、時にはいさかいになるほど、一時、投網に夢中になったとのことである。以前から川をよく知っており、体格の優れている吉田さんでさえ、そのような時期があったという。それを思えば、普通の人が投網に熟達するにはどのくらいの努力が必要なのかは推して測るべきだが、吉田さんによれば、投網が１人前になるためには６〜７年はかかるそうである。今の吉田さんには自分で網を工夫して作り、そして改良を重ねてきて、それをまいているのは、神通川広しといえども、自分以外にはそうはいまいという自負が感じられる。また投網だけでなく、川舟についても独自に研究され、吉田さんのオリジナルの舟がモデルとなって、神通川だけでなく庄川などにも広がったそうである。

投網漁の実際

　実際の投網漁について、一般になじみのあるアユとウグイについて簡単に触れてみたい。アユ漁は夜行われる。昼間でも流れの強い瀬の大きな石の裏などを、小さな網でこまめに打って行けば（打つ場所の選択も非常に重要）数も捕れないこともない（そういうところは昼は友釣りが入っていて打てないもので

ある）が、夜にはとても及ばない。先の吉田さんなどは舟打ちで、かつ袋網を
2段にして昼間でも多くのアユを捕られるが、これも昼でも捕れるということ
で、夜の方が取りやすいことに変わりはない。アユという魚はきわめて賢い魚
である。解禁日を除いては、普通の人には昼間は（川が濁ってでもない限り）
そんなには捕れないものである。

　投網は瀬でも淵でも下流から上流に向かって打ちあがっていくのが基本であ
る。舟打ちの人は大きな淵を打つのが普通だが、一つの淵に誰か先に入ると他
の人は入らないのが礼儀である。淵の尻（下流部）からこまめに網を打ってい
き（打つ場所も漁果に影響する）、徐々に淵の頭（上流部）へとアユを追い込
んでいきながら、アユを捕っていく。しかし、中には礼儀を守らないふとどき
者もいて、ある人が下から打ち上がっているのに、頭をたたく（上流部で網を
打つ）者がいて、いさかいの原因となることがある。「おわが、下から打っと
んが分っとって、あんがきゃ、頭たたきやがって、あいつは許せん」というこ
とになる。友釣りでもかつては一瀬一人という暗黙のルールがあったらしい
が、釣り人の増加でそういう礼儀などとっくに崩壊し、そんなことにかまって
いたら釣りなどできず、休日などは上下流と向こう岸の併せて3人の竿を気に
しながら釣らなければならないという、世知辛いものになってしまったが、投
網漁での礼儀はいまだに健在のようである。

　ウグイの投網漁は小矢部川が中心で、庄川でも少しは行われている。春の小
矢部川のウグイは「桜ウグイ」として有名で、小矢部川近辺には「桜ウグイ」
を宣伝している店がいくつも見られ、また国東橋下の小矢部川河川敷には一時
的に「桜ウグイ」の小屋が立ち、ウグイ、モクズガニ、フナの料理が出される。
私も普段はウグイは食べないが、4月になると何故かウグイが食べたくなり、
時にこの小屋を訪れている。小矢部川のウグイは骨が柔らかく、おいしい。春
のウグイ漁は産卵のため瀬についたウグイを投網で捕るものである。このた
め、ウグイが産卵しやすいように瀬を整えたり、砂利山を作ったりしておく。
ウグイの投網は、ウグイがかなり流速の速い瀬で産卵するために、オモリはか
なり重くしてある。小矢部川の小橋為義さんは往時は18〜20kgの投網を使って
おり、ウグイが40kg程入ると60kg程になり、一人では網が持ち上がらないほど
になったという。私も12kgの投網を投げさせてもらったが、腰にズシリと応え

て、何回も投げる網ではないと思った。ウグイ漁の投網はサケやマスの投網よりも重いが、それはウグイ漁の場合は人為的にならした瀬で黒くかたまっているウグイをとるので、勝負が早く、数多く投げる必要がないからであろう。

　ついでに、漁師の間での投網漁（に限らないが）の漁場の呼び名に触れると、普通、漁場の呼び名は地名や橋の名前が多い。庄川だったら雄神、太田、高速、神通川でも岩木、成子、高速、百円橋などである。ところが、神通川では今でも少しではあるが昔の人のあだ名や独自の呼び方が使われている。「あんた、きんの、どこ行っとったがいね」「ゲンタやちゃ。10キロほどおったかな」という感じである。「ゲンタ」というのは限られた範囲の漁場を指した昔から伝えられている呼び名で、どうも人の名前のようである。他にも、「イモガワ」「アイノセ」「ラッパノセ」「ヤナギジリ」「ガメウチ」「イガイノセ」などがあるようである。ラッパノセというのは、ほらばかり吹く人がよく行く瀬であるのでラッパとついたらしい。こういう呼び名を使うのは主に年輩の方であるが、なにか暗号のようでもあり、また親しみやすい感じもするが、こういう呼び名が消え去るのも時間の問題だと思うと、なにか淋しい気分になってしまう。

投網漁の恩恵

　投網に限らず網というと、毛嫌いする釣り人が多い。中には強い敵意を持った人もいて、網の制限を求めたり、アユでは釣り専用区の設定を望んだりする。現に釣り人の意向を反映してアユの解禁日は、網が竿よりも５日間ほど遅れるようになった。私も友釣りが大好きだが、確かに、釣っている時に近くで網を打たれると、あまりいい気はしないものである。その日に限って言えば、近くで網を打たれてもほとんど影響がないように思うが、もし夜の投網で多数のアユが捕まらなければ、どれほど川にアユがいるようになるのだろう、などとつい考えたくもなる。しかし、それはやはり釣り人のわがままな思いであろう。アユは高級魚である。庄川での取引価格は、解禁後しばらくはキロ当たり５〜６千円、夏でもお盆頃までは４〜５千円もする。こんな値の高い魚は海でもそうはいない。それでいて、一般の魚屋に地アユが見られることは少ない。市場にアユを供給しているのは、ほとんどが投網漁によるものである。竿釣り

や一般の遊漁のものはほとんど市場には出回らない。もし、投網漁による漁獲がなかったら、アユの価格は高騰し、結局、一番困るのは一般消費者である。網を制限しても、釣りではとうていその量をまかないきれるものではない。県民の多くは投網漁のおかげで、おいしいアユをたくさん食べることができるのである。

　元来、神通川や庄川は天然遡上アユが豊富で、網漁と釣りが共存し得えた川である。放流湖産アユの神話が崩れた近年では、友釣り専用区が数多くある岐阜、長野、群馬といったところからも、神通川や庄川などに釣り人が多く来るようになった。網が入っていようがいまいが、釣れるところは釣れ、人が来るのである。釣り人と網漁の人は今は敵対している時ではない。魚の棲息を考えた場合、現在の河川環境には目を覆うべきものがあり、それへの対策を講じるのに一刻の猶予もできない状況に置かれている。共にエネルギーを注ぐべきところは、もっと別のところにある。網漁、釣りともに、お互いに「良いマナー」を保ちつつ、網漁でも釣りでも、どちらもよくアユが捕れる、釣れる、そんな「良好な河川環境の維持・復元」を目指して一致協力することが、今一番求められているのではなかろうか。

内水面の漁法—ピンセット漁法①

（平成9年1月）

W氏とともに

　確か平成7年の7月中旬頃であったと思う。私はW氏の要請に従って、W氏と一緒に五箇山区域での1泊2日を要してのイワナ養殖場の巡回指導に行っていた。そう、野外調査雑話②で熊に出会った時の調査である。養殖場の飼育指導、管理、魚病の防疫などはW氏の業務であるので、私は補佐していればよいのだが、夏場の内水面課は大変に忙しい。ちょっとの出張でも自分の仕事もこなしたい。そこで、養魚場指導の行きか帰りに庄川で投網で湖産アユの追跡調査をするという条件つきで随行した。

　平成7年は7月初めからの大雨で川は常に増水気味であった。それでも初日

にアユの調査を行って、夜に民宿でアユの塩焼きでも、と最初は甘い考えをしていたのであるが、行きの庄川は、一目見ただけでとても川に入る気が起こらないほどの大増水であったので、堤防から眺めただけであった。2日目の帰りもたぶんだめだろうと太田橋付近の堤防の上から川を覗くと、昨日よりはかなり水が落ちている。もっとも、落ちたといっても普段からみれば大増水に変わりはない。もちろん、川に入っている人はほとんどいなくて、左岸側の下手に毛鈎釣りの人が1人いただけである（この人も何を考えているのかよく分からない。とても毛鈎釣りができる水況ではないどころか、命が惜しくないのかとつい思ってしまう）。

　「Wさん、これやったら大丈夫やちゃ。ちょっと、投網打つから、待っとって」「おお、いいよ。好きなだけ打つこっちゃ」と快諾を得たので、太田橋右岸側の河川敷内にある車の通り道から河原におもむろに降りて行こうとすると、そこには深さ20cm、幅20mほどの水の流れがあった（水たまりに近い）。「おう、田子ちゃん、大丈夫か。無理すんなよ。止めた方がいいがでないがか」と、以前に水試の同じランクルを川にはめた前科のある私であるので心配でたまらないらしい。「大丈夫やちょが。ここは底石が固いから、いくらランクルでも沈まんちゃ。それに、水のない時、通ったことあるから大丈夫やちゃ」という私の言葉には説得力がなかったらしく、W氏は車を降りて、胴長をはいて一人でそこを渡ってしまった。もちろん、私はランクルで横切って行った。ちょっとだけ不安ではあったが、車には多くの道具が積んである。それに、客観的にみて、こんなところが四駆のジープで行けないなら、ジープの名前が泣こうというものだ。水の流れを渡ったところでW氏を乗せ、そのまま中州を本流が流れている左岸側近くまで行った。

　本流の手前側に小さな流れあり、そこで車を止め、身支度をした。と、何と、私は靴じゃなくて、足袋を忘れてきていた。しかし、ここまできて投網を打つのを止める訳にはいかない。また、大増水の川に胴長をはいて投網を打つほど馬鹿でもない。しかたなく、ウエットタイツに長靴という、珍妙なかっこうで投網を打つことになった。もちろん、長靴の中は水につかる。W氏には笑われても仕方がない。「Wさん、ちょっと打って来っからまっとって」「おう、いいよ。危ないことだけしられんなか」と言って川に入った。W氏はこの

辺がいい。W氏は体格もよく、運動神経も悪くはない。投網も投げるには投げれる。しかし、自分の投網の技術と川の状況を判断して、こういう時には絶対に投網は打たない。これは助かる。川の知らない人や素人の人ほど打ちたがるが、そういう場合は危なっかしくて、こちらは打っていても気が気ではない。それに、今回みたいに限られた場所なら、2人でばらばらに打つより、1人で打ち上がった方が、よほど効率がいい。

消えたW氏

　川はもちろん濁っている。本流手前の小さな分流で投網を一打してみる。と、アユが水面を飛び跳ねる。網の中でも多数のアユがきらめくが、その多くが12節の網目では目抜けして、逃げていく。網を寄せると2、3匹のアユしか残っていない。「Wさん、アユいっぱいおっけど、小っちゃいがばっかりやわ」と側で見ていてくれたW氏に語りかけながら、アユを掴んでみると、そのうちの1尾に脂鰭がない。「Wさん、これ標識魚やわ」「ほんとや。でも、小っさいのう」。確かに、その脂鰭がない標識魚は20gほどの小さいものであった。ちょっと、ここで標識魚の説明をさせてもらうと、標識魚とは湖産アユの遡上と生残状況をみるために、水産試験場と庄川漁連が共同して、庄川に放流される湖産アユの1部（4万尾）の脂鰭を切除し、河口から約8kmの地点に5月に放流したものである。この日は標識魚を2尾採捕したが、放流日から2カ月近くも経ち、太田橋は放流地点から10km以上も上流にあるのに、20gと魚体が小さいのには少し不思議だったが、これは近年の湖産アユの評価があまりよくないことに加え、5月頃の河川水温が低目に推移したことと、6月下旬からの長雨で成長がよくなかったのであろう。

　それにしても、1打目から標識魚が取れたので、元気が湧いてくる。その分流で数回打った後、今度は本流を打ってみた。網の中で数尾のアユがきらめいた。（ここは誰も入っていないな）と、思わずほくそ笑んだ。網を上げてみると、こちらのアユは大きい。大きいもので20cm近いものがいる。ますます、アユを捕るのに夢中になる。時折、後ろを振り向いてW氏はと、探してみるとちょっと離れたところの河原を歩いている。安心して、さらに投網に没頭した。しばらくすると、最初ほどアユが捕れなくなったのに加え、投網の打てる

場所も大増水のため本流の１つの大きな蛇行の内側しかないので、打つ場所も
なくなった。では、と、Ｗ氏を探してみるが、見あたらない。（どこへ行った
のだろう）と思ったが、さほど気にも止めず、今度はまた先ほどの分流の上
流に入って、打ち下り、元の場所へ戻った。しかし、Ｗ氏はいない。「Ｗさー
ん」と大声を出して呼んでみたが応答がない。（おかしいな、まさか川に流さ
れたんじゃないだろうな）という考えが脳裏をよぎったが、まあ、Ｗ氏に限っ
てめったなことはあるまい、と思い直して、仕方がないので１度打った本流を
また打ち直すことにした。やはり大増水とはいえ、１度打ったところはあまり
アユが捕れないので、しばらくして元の場所に戻ったが、まだＷ氏はいない。
（いったい、どうしたんだろう）と思ったが、まあ、いいやと今度は分流の下
を打ち下った。アユもそこそこ捕れ、いつ止めようか、いつ止めようかと思い
ながらも、もう１回、もう１回と欲を出して打っていた。これが最後だと打っ
た網を寄せようとした時、今までとは手ごたえが違う。（うーん、根がかりか）
と思ったが、動かないことはない。（何だろう）、と思って水の中に入って「も
の」を見ると、何と大きなワイヤーのぐるぐる巻きになったものであった。
（何でこんなところに、こんなものがあるのだ）と腹立たしくなったが、ワイ
ヤーごと陸に引っ張り上げて、網を外そうとした。が、このワイヤー、いたる
ところに細かい鉄線が出ていて、一筋縄ではいかない。それどころか、こっち
を外せば、別の所が絡まる、といった具合で、だんだん絡まる部分が増えて
いった。（ああ、やっぱり投網打つのをあそこで止めときゃよかった）と思っ
たが、後悔先に立たず、である。そのうち、網全体がワイヤーに絡んでしまっ
た。（これは、１人ではダメだ。Ｗ氏に手伝ってもらわなければ）と、元の場
所に戻ったが、Ｗ氏はまだいない。（１人でこんな長い時間をこんな大増水の
河原で過ごせるはずがない。これはＷ氏の身に何か起こったのではないか）と
いう不安がよぎり、今度は真剣に「Ｗさーん、Ｗさーん」と河原を探し回った。

■ ピンセット漁法

　しばらく探し歩いているうちに、突然Ｗ氏が目の前に現れた。Ｗ氏は意気
揚々として歩いており、表情は今にも笑い出しそうなくらい明るかった。そし
て、Ｗ氏の一方の片手にはバケツ、もう一方の片手にはピンセットがあった。

「Wさん、どこ行っとったがいね。心配したやろがいね」「悪い、悪い。あんた、アユ捕れたけ」「うん、まあね。あんた、帰ってくんが遅いから、投網パーにしたちゃ。ところで、そのバケツになん入っとんがいね」「えへへ」と、バケツの中を覗くと、何とアカザの山である。普段これだけのアカザを捕るのはなかなかできるものではない。「えー、これアカザやけ。どうやって捕ったがいね」。

　W氏の説明によるとこうである。私が投網を打ち始めてしばらくの間は、私を見ながら河原を歩いていた。そのうち、鳥（カラスかトンビ）がたくさん集まっているところを見つけたが、よく見ると何かをしきりについばんでいる。何をしているのだろうと近くに寄ってみると、何か魚のようなものをくわえている。さらに、鳥のいた場所に行ってみて河原をよく見ると、水たまりや干上がった石の間に魚がいたという。そこで、急いで引き返し、ピンセットとバケツを取ってまた戻り、アカザなどを採集していたそうである。

「うそ、それどこにあんげ。早く連れていってま」と、アカザを見て気持ちが高揚し（1属1種で日本固有種なのがいい。生態も詳しく分かっていない）、W氏に投網を外すのを手伝ってもらうことなどどうでもよくなり（投網については、結局、後で2人でハサミで網をめった切りにして、オモリだけを持ち帰った）、2人で現場に急いだ。現場は最初にランクルで越えた水たまりの上流部であって、もうほとんど水がなく、干上がっていた。河原をよく見ると、石と石との隙間に魚が入っているのが見えた。W氏はピンセットを持ちながら、「ここに、魚おるやろ。これを、こうやってピンセットでとるがや」と実際にピンセットで摘みあげてくれた。W氏いわく、自称「ピンセット漁法」である。私も石をひっくり返したりしてみたが、いるいる、いたるところにアカザ、カジカ、ヌマチチブ、ヨシノボリといった魚から水生昆虫のピンチョロ（カゲロウ）までが、石と石との隙間や石の裏側などに単独あるいは複数でかたまっていた。まだ生きている魚の方が多かったが、死んでもうひからびているものもいた。アユやウグイなどの遊泳能力の高い魚は、水が引くのに対応して、下流の水たまりに移動できたのだろう、そこには見あたらなかった。

　これがW氏が命名した「ピンセット漁法」のいきさつであるが、漁法的には水門を操作してする漁法あるいは瀬替え及び江替えに該当すると思われ、いずれも富山県内水面漁業調整規則では禁止漁法になっているものである。今回の

場合もこの場所から5kmほど上流にある合口ダムが大雨のためにある期間多くのゲートを開けていたのを、急にいくつかのゲートを閉めたために、それまで「川の一つの流れ」であったところが、急に干上がって生じたものと思われる。アカザやカジカなどの底生性の魚にとっては、ダムのゲートの閉鎖という、天候によらない水量の急激な激減に対応できなかったのであろう。「Wさんすごいね。ここにおるが、みんなとったら、相当の数やね。でも、やっぱり、このままやったら、ここのが全部死ぬがやろか」「そりゃ、そうやろ。全部死ぬちゃ」「なんか、こんながで死ぬがちゃ、かわいそうやね」「まあ、そうやな」。

　しばらくの時間W氏といっしょに石をひっくり返し、魚を捕っていたが、そろそろ疲れてきたので、「Wさん、もう時間も時間やし、やめようか」「そやの。やめっか」「しかし、Wさんよ。これすごいね。ここで、こんな状態ということは、この上でも、下でもこういう場所があるということやし、もし、時間があって上から、下まであんたの「ピンセット漁法」でアカザを探しゃ、庄川のアカザの分布がいっぺんで分かるね。だいたい、アカザなんて、なんも分かっとらんがでないがけ。今捕ったアカザにしても、体長が明らかに2つの群に分かれとるね。アカザちゃ、2才魚ながやろか」「2才魚かどうかちゃ知らんちゃ。そやの、なんも分かっとらんの。論文書けっかもの。やっか」「え、今からけ。冗談やろ。今何時やおもうとんがね」。魚には大変迷惑な現象であったかもしれないが、魚の研究者にとってはめったにないビッグチャンスである（かもしれなかった）。

　なんだ、たかが水産上ほとんど価値のないアカザじゃないか、というなかれ。地味な色をしたものがほとんどの淡水魚の中で、珍しく淡い赤色をしている。ヒゲがあってナマズに似ているが、体長が10cmを越えた位でかわいい。きれいな渓流（清流）にしか棲まない。昼間は石の裏にひっそりと隠れていて、夜になると活動し、下手に触れると痛い思いをするところなどは、あやしげで、可憐な人間の女性とそっくりではないか。

　そういう、あやしげで、可憐な女性の誘惑にもかかわらず、模範的な公務員（？）である私たちは据え膳を食べないこととした。1泊2日の養魚場巡回指導で疲れている、直前に投網をいやというほど打った、5時までに試験場に帰らなければならない、こんなに事業を抱えていてアカザなんかに手が出せるの

か、などと、言い訳に過ぎない理由を思い浮かべながら、後ろ髪を引かれる思いで帰路についたのであった。

内水面の漁法—ピンセット漁法②

（平成9年5月）

■　水門を操作してする漁法と瀬替えや江替え

　前章でも触れたが、富山県内水面漁業調整規則には「水門を操作してする漁法」と「瀬替え及び江替え」については、これにより水産動物を採捕してはならないと明記してある。水門を操作してする漁法とは、ある日時に水門から水を流し、ある量のアユなどの遡河性魚類がその水の流れに向かって上ってきたところをみはからって水門を閉ざし、右往左往した魚を一網打尽にとる悪質な漁法である。魚にとっては、天候も変わらないのに何故、急に水がなくなるのか理解に苦しむところであろう。また、夏に農業用の水門を操作して、アユをたくさん捕っている人がいることを聞いたことがある。そして、これは実際に見たことだが、ある秋に有峰湖へ行った時のことである。ある水のない川の水門のそばに火が炊いてあり、近くで数人の男達がタモ網や釣り竿を持ってうろうろしている。何をしているのかとよく見ると、水門の下の水たまりにはイワナがそれこそ群れをなしていて、それを捕っているのである。火の回りにはイワナの串ざしが並べてあった。事情を聞くと、彼らは土木関係の作業員で、ある電力会社の下請け工事をしている者達であった。水門だったか発電用の取水設備だったかの何年に1回かの点検のために、取水炉への水を止め、普段水を流していない川（？）に水を1週間程流してその間に取水設備の点検をし、おもむろに水門を閉ざしたということである。産卵期のイワナは産卵場を目指して遡上性が強い時期にあり、産卵できる場所がある川と錯覚させられたイワナ達は大挙して遡ったのであろう。工事関係者の事の善悪については深く言及することは止めるが、これに類することは、同じような水門があるところでは、まま起こり得ることだと推測される。

　瀬替えや江替えについては、もちろん、現在では魚を捕る目的では行われて

いないが、実際のところ、護岸工事などの河川工事の際には度々起こり得ることである。庄川や黒部川などでは、そういう工事の時は事前に漁協に知らせがあるらしく、どこどこの河川工事のための瀬替えで、カジカを何キロとったとか、大学の先生がバケツにいっぱいカジカやヨシノボリ、ヌマチチブを持って帰った（調査用に）という話を時に聞くことができる。庄川ではある年の４月に護岸工事の瀬替えの際に３キロクラスのサクラマスが手づかみで捕れたくらいだから、魚にとって予期できない急激な水位の変化には、サクラマスのような遊泳能力の高い魚でさえお手上げなのであろう。

■ 泣かされる河川調査

　水門操作や瀬替えほど急激でない水位の増減なら、ダムと発電所のある川なら日常茶飯事に起こっている。とある９月の昼下がり、人工淵の魚類調査で庄川に行く。天候は晴。数日前から雨は降っていない。当然、予定通りに調査ができるものと思って現場に行ってみると、何故か水量が増えていて、とても調査ができる状態ではない。「こんな時に、放水するか」と怒ってみてもしようがない。所は違って11月の黒部川。アユの降下仔魚調査で下黒部橋付近にいく。すると前回までとは打って変わって、川は大増水である。これでは川の断面積が出せない。近くでサケ漁をしていた漁師に、最近雨が降っていないのにどうしてこんなに水が多いのか聞いたところ、「上で放水しとんがでないがかな。３日程前から今みたいに水高いわ」との答。

　またまた、庄川での11月のアユの降下仔魚調査。その日は曇で、前の晩少し雨がパラついたが、数日来雨が降っていないので、川の水量が増える要因はない。そこで、もちろん調査は可能であろうと現場に行ってみると、えらく水量が増えていて、無理をして川に入れば危険な状態である。現場の漁業者に「何で、雨もそんなに降っとらんがに、こんなに水高いげ」と聞くと、「おまっちゃ、知らんがか。庄川の場合、御母衣ダムの上流にいくら雨降っても、ダムで持てっけど、それより下のダムはそういう訳にいかんがや。電力会社は雨降ってからダムのゲートから水を流すがちゃ、すごく嫌うから、雨が降る思うたら、事前に水流して（発電して）、ダムの水減らしておくがや。その証拠に天気予報見てめえま。今日は雨降っとらんけど、明日からずーっと雨マークの

日が多かろが」との答。(なるほど、そういうものか) と、あまりの明快な回答に感心してしまう。さらに聞くと、今日でも水が出たのは午後からで、また朝になると平水に戻るという。

　この増水のおかげで、それまで低迷していたサケの捕獲尾数であったが、その日は1300尾もヤナに入ったそうだから、時ならぬ増水でも水産上は悪い事ばかりでもないが、私はその日の調査を断念せざるを得なかった。

天候からは予期できない水量の増減

　発電所の放水による水量の増減は電力需要の関係で平日に行われることが多いらしいが、休日でも時折体験することができる。平成8年の9月中旬の休日のことである。快晴のその日、親孝行な私は父と砺波大橋の下流で竿 (友釣り) を出していた。余談になるが、私はよく父と友釣りに出かける。父とはアユの毛鉤釣りから一緒に始めたが、友釣りを教えたのは私である。定年退職した父にオトリのついた私の竿を持たせたのがすべてである。それまで友釣りを嫌がっていた父だが、運悪く (?) アユが掛かってしまい、それから後は多くの友釣り師が辿ったお決まりのコースである。父はアユの季節の間は他の釣りを止めてしまった。冬でも会えば日常会話以外はアユの話 (友釣り) しかしないようになった。ゆえに、責任上、父を川に連れて行かなくてはいけない。庄川で釣りをしている方の中で、かつて親子の友釣り師を見かけられた人がおられると思うが、もしかしたら、その親子は私たち親子であったかもしれない。

　その日は絶不調であった平成8年にあっては好調で、11時前に竿を出して昼頃には釣果はもう10尾を越えていた。と、その時である。サイレンが鳴り響き、何かアナウンスが響き渡った。私の頭が今一つなので正確には思い出せないが、確かこういう文言 (内容) だったと思う。「ただ今上流の発電所からの放水がありました。川に入っている人は危険ですから、安全なところに避難するか、川に入らないようにしてください」。その場には10人程の釣り人がいたが、川から上がろうとする人は誰もいない。もちろん、私もこんな快晴で、水量も少ないのに「冗談じゃない」という気持ちである。1時近くに、水際のすぐ側の河原に敷いたゴザの上で父とニギリメシを食いながら、父が「なーん、川の水増えてこんの。ほんまに水増えんがやろか」と言うので「発電所の

放水口からここまで結構距離あるから、サイレン鳴ってからでも時間がかかんがやろ」というふうに答え、飯を食い終わった後、念のため、ジムニーと着替え、道具類、食料がおいてあるゴザを５ｍ程水際からずらして、竿を持って川に入った。午後からも調子がよくたて続けに２、３尾のアユが掛かった。これはと下手の父を見ると、こちらも竿が大きく曲がっている。それも入掛かりである。この調子で行くと、これは数が出るなとついほくそ笑んだが、そのうち上流から流れてくるゴミが目につき始めた。（おかしいな。水が増え始めたな）と思ってジムニーと荷物を見ると、ジムニーのタイヤにまで水が来ていて、着替え等の衣類、道具類と食料がおいてあるゴザは浸水して浮かび上がり、少し流れ出している。（これはいかん）と慌てて陸に上がり竿を放り出して、間一髪で流れだしたゴザを止め、荷物を陸の安全なところに上げ、それからおもむろにジムニーを移動させた。

　痛かった。釣り道具や食料が水浸しになったのは、いい。しかし、衣類を濡らしてしまったのは痛い。家まで気持ちの悪いまま帰らなければならない。甘かった。衣類や着替えは車に置いとけばよかったと後悔したが、こんな快晴の日に何故急に水が増えて来るんだ、と電力会社を恨めしく思った。そして、どうせアナウンスするなら、何時頃から増えますとか何トン放水したとかも言ったらどうだ、と腹が立った。しばらくして、気を取り直して自分の竿の所に戻った。オトリはどうかと見てみると、案の定、さっきあまりに急いだために完全にダウンしている。で、父はと、下手の父を見ると、まだ釣れ続けている。父も衣服のことが気にはなったのだろうが、めったにない入れ掛かりにそんなことはどうでもよかったのだろう。増水がアユの追いを刺激し、それまでポイントでなかった浅場で入れ掛かり状態のようである。アユの入れ掛かり状態は増水が落ちつくとしばらくして治まったが、釣りのリズムを狂わされ、その上、衣類を濡らされた私の腹立たしさは増水が落ちついてもなかなか治まらなかった。が、去年では一番よくアユが釣れた日であったことだし、私も性格が温厚な方であるので、この辺で止めておくこととしよう。

■ 不安な放水

　盛夏の、それも渇水時で、河川流量がたかだか10トン前後の時の増水なら先

述のように笑って書ける。しかし、ある程度の流量がある上に、さらなる放水
による増水となると話は違ってくる。これも確か平成8年の網の解禁日の翌日
だったと思う。私は標識放流魚の追跡調査のために、庄川の砺波大橋の上流に
入った。普通、野外調査はある程度危険性が伴うので2人以上で行うようにし
ているが、相手方の事情により1人で行うこともある。その時もたまたま1人
であった。午後からの調査であったが、砺波大橋の上から川を見てみると、解
禁日の昨日とは打って違って、川には誰もいない。（解禁日の翌日なのにおか
しいな。誰かもう打った後なのだろうか。それとも昨日、ここでの漁果がおも
わしくなくて、誰もいないのだろうか）と思ったりもしたが、もしかしたら「更
地」かもしれないという期待を胸に、河川敷の奥までジープで入って行った。

　身支度をして川の水際に立つと、橋の上から見るのとは違って、一段と水量
は多く見え、流れには迫力があり、怖ささえ感じられる。慎重に水際の浅い
所を一投してみる。と、2、3尾のアユが網の中できらめいた。しかも、大
きい。（やはり、今日は誰も入っていないな）とうれしくなる。水際の浅い所
をうち上がって行く。打てばほとんどはずれがなく、多いときには4、5匹入
る。時折、誰か見ていないだろうかと、回りを見回してみる。誰か見ていない
だろうか。誰も見ていないのを確認（に安心）して、また打網に没頭する（もっ
とも、人に見られたからといってどうということはないのだが、見られたくな
いという心理が何故か働く）。網を打っているところは普段なら水の流れてい
ない浅瀬である。もちろん、垢もついていない。それなのに50g前後の大きい
アユが捕れる。（それにしてもこの大きいアユはどこから出てきたのだろう。
釣りの解禁の時、このアユはどこにいたのか。こんな大きいアユがいながら、
なぜ友釣り師のオトリを追わなかったのだろうか）と、いささか疑問が生じて
くる。（アユの性質が変わったとしか思えない。でないと、釣り解禁日での多
くの友釣り師の不調は説明できないだろう）などと、捕れるアユが大きいこと
を素直に喜べばいいのに、つまらないことを考えながら打っていた。

　最初のような好漁果はそんなに続かなかったが、それでも捕るには捕れ、こ
のままいけば記録的な大漁（私にしては）は間違いないと思われたその時で
ある。「ただ今上流の発電所からの放水がありました。川に入っている人は危
険ですから、安全なところに避難するか、川に入らないようにしてください」

と、例によって、例の言葉が流れた。それも今回は「発電所の放水」なのか「ダムのゲートを開いた」のかがよく聞き取れなかった。（よりにもよってこんな時に）と思ったが、雲行きが怪しくなり、小雨も降ってきた。（上流ではかなり降っているのだろうか）と、多少不安になったが、「欲」もあって、すぐには止めれない。（ここが増水するまではもう少し時間がかかるだろう）と、かまわず打っていた。しばらくして、心なしか水が増えてきたような気がした。（別に中州にいる訳ではないから）と思ったりもしたが、いつだったか、確か紀ノ川だったと思うが、ダムの放水で何人もの釣り人が亡くなった事件のことが脳裏をよぎった。あたりを見回すと、川原には何故かカラスがたくさんいる。（いかん、もうよそう）。何トン放水したのか分からないし、それにジープも河川敷のかなり奥に置いてある。と思い直し、逃げるようにして車に帰り、慌てて着替え、安全な所に移った。帰路、砺波大橋の上から大増水した川を見ながら、（あのアナウンスの直後に川へ入った人はどうなるのだろうか）という、素朴な疑問が頭をよぎった。

■ 管理「川魚」社会

「河川管理者」という言葉がある。言うまでもなく大河川は建設省で、あとは県や市町村である。そして、その名のとおり川は管理されている。ダム建設、堤防建設、護岸工事、砂利採取、発電用・農業用の取水等、人間の安全や社会生活の向上のために完全に（？）管理されており、私を含め多くの人間が多大な恩恵を受けているのは、論をまたない。が、この人間の管理はあくまで人間にとって都合のいい管理であって、魚が棲みやすいようにという管理ではない。必然的に魚にとっては、魚の棲みにくいような管理の中で管理されて生きていかざるを得ない。川魚の社会もそういう意味では完全に管理されていると言えるだろう。河川水量の増減一つを見ても、庄川など放水による増減のある河川に棲んでいる魚たちは、もう既に、天候ではなくサイレンによって増水を感知していると思われるが、増水の時だけ警報のサイレンを鳴らして、減水の時にならないのは片手落ちのような気がしないでもない。であるから、遊泳能力の低い魚にとっては前章のような「事故」が起こるのであろうが、現代の世の中は魚にとっても、まことに棲みにくい世の中であるらしい。しかし、

こういうことが起こるのは別に魚の社会に限ったことではなく、人間の社会においても、それこそ時ならぬダムの放水操作による急激な水の増減のような事象が、いろんな場合に起こり得る。そして、それにうまく対応（適応）できなかった人間というのは、それこそまるで前章でのアカザたちのように、何ものかの目に見えないピンセットで、軽く摘まれてしまうような存在なのかもしれない。

カワウ（川鵜）の出現で神通川から魚がいなくなる!?

（平成10年1月）

カワウ（川鵜）の出現

　ここ2、3年、突如としてカワウが話題にのぼるようになった。それまでも、鵜はいたにはいたのであろうが、話題にはならなかった。最初の頃は、鳥なんて鵜の他にもサギやアジサシなどもいるし、さほどのことでもあるまいと思っていた。アユ（魚）の少ないのを鵜のせいにしているのかな、というくらいにしか思っていなかった。が、実状は違っていた。カワウは数年前に大挙して富山にやって来たらしいのである。

　最近、神通川の漁師に会うたびに、漁師の方は鵜のことを話される。「アユどうですか」と網漁の人に問うと、「鵜のがっきゃ来て、アユ捕るもんやから、全然あかんちゃ」「鵜来て、アユ食べるし、鵜来たらアユおびえて、そこに全然おらんようになるちゃ」「昨日たくさんアユ捕れたもんやから、次の日も期待して同じ場所に行ってみると、鵜が来とって、全然アユ捕れんがいよ」という答が返ってくる。そのうち、「今日もどこそこに二百羽くらいおったわ。今朝もどこそこに百羽ほどおったわ」と具体的な鵜の数字が出てくるようになる。

　友釣りの漁師はもっと具体的な数字をあげられる。平成9年の話である。神通川のどこに釣りに行こうかと思って富山空港近辺で漁をしておられる人に聞いてみた。「最近調子はどうですか。神通川釣れてますかね」と聞くと、「田子さん、何言うとんがいね。全然あかんちゃ。鵜が来て、全然ダメだわ。多い時には50程釣れた日もあったけど、釣れん日は1桁、7、8尾の日もあるちゃ。

今日釣れたと思って、明日行くと全然アカンがいちゃ。友釣りちゃ、今までそんなことちゃ、なかって、釣れたらある程度続くんやけどなあ。とにかく、鵜来たら釣りにならんわ」という返答である。この方は舟釣りである。舟を使ってさえ、このような状況である。

　そういえば、平成８年の７月上旬のことである。私はある大学の先生と神通川に友釣りに行く予定があった。それで空港周辺に事前に下見へ行った。その時は川が濁っていたため、釣りをあきらめ、投網を打った。誰も入っていなかったのであろう、２日間行き、２日とも１時間半程で50～60尾捕れ、アユの魚影は濃いと感じた。これなら、大丈夫であろうと安心し、濁りがとれるのだけを願った。２日後、現場では悲劇が待っていた。アユが釣れない、全く釣れないのである。いや、いないのである。私はともかく、先生は名人中の名人である。学者で先生の右に出る人は思い当たらない。それが、２人とも２～３時間オトリを泳がせて、アタリひとつなかった。私でさえ、友釣りでボウズという経験はほとんど記憶にない。多少水温が低いとはいえ、これはない。よく見ると、岸際にはアユの姿は見えず、新しいハミアトはなかった。たまりかねた先生は「田子さん、庄川へ行きましょう」と一言。人を案内して、こんな情けないことはない。思えば、これも鵜のせいだったのか。

　新聞にも報道されたせいか、漁師以外にも鵜のことを話す人が多くなった。富山市中央卸売市場でのことである。今年から富山漁協と共同して神通川の海産遡上アユ尾数の推定や湖産アユの放流後の分散、成長などを調べるために、湖産アユの脂鰭をカットし、その追跡調査を行っているが、その一環として定期的に市場でアユを調べている。ある朝ある人に「鰭切ったアユおっけ。ほう、おんがいね。でも、そんな小さな鰭があるかないか見とっても、アユ増えんろが。それより、神通川行って、鵜でも退治しとった方がいいがでないがか」と、こうである。市場の人にさえこう言われれば、本当に鉄砲かついで、神通川に行こうかとさえ思うが、いかんせん、鵜は法的にも保護されている。水産試験場ではどうにもならない。

　カワウの多くは夜明けとともに神通川へ飛来して、漁をした後、人間様が来る前にねぐらへ帰ってしまうようであり、日中、神通川でみられる鵜の数は少ない。しかし、それでも富山北大橋から下流では数十羽単位の集団はいつでも

見られる。最近はアユの調査で神通川に行くことが多いが、中下流域の漁師は鵜に対して、もう、カンカンである。これに対して、富山漁協では、平成8年には職員が神通川でロケット花火を飛ばして鵜を追い払うという、涙ぐましい努力？や、漁協として鵜を害鳥として駆除申請もされたようだが、効果のほどはあまり芳しくなかったようである。

　カワウの飛来は神通川から西の川にあるらしく、黒部川などの河川では聞かれない。西の川でも庄川や小矢部川は、神通川に比べると少ないようである。やはり、神通川は巨大で、魚も多く、カワウにとっても、魅力ある川なのであろう。

川漁師を越える（？）魚捕り名人、カワウ

　ではカワウはいったいいつ頃から富山に来て、そしてどれだけ魚を食べるのであろうか。図鑑類（「日本の野鳥」山と渓谷社、「富山県の鳥獣」富山県自然保護課）を見ても、カワウは潜水が巧みで上手とあるが、魚を捕るのがうまいかどうかは書いてない（ちなみに、英名のGreat CormorantのCormorantには、どん欲な人、大食の人という比喩の意味があることから、欧米でもカワウは魚をよく食べる鳥とみられているのだろう）。また、この時点では富山県はカワウの繁殖地とはなっていない。そこで、富山市科学文化センターの南部さんに電話で聞いたところ、貴重なお話しの上、いくつかの文献を紹介していただいた。

　その中で最もカワウについて詳しいのが、水産庁サイドの調査をまとめた「日本の希少な野生水生生物に関する基礎資料（Ⅱ）、（社）日本水産資源保護協会」の中にカワウという項目があり、当時上野動物園に勤務されていた福田道雄さんが書かれている（前者）。また、幸いにも富山県の棲息状況が、富山市科学文化センター研究報告第20号に、「富山市古洞池の鳥類」（湯浅輝久・山野浩平・篠田耕児）として報告されている（後者）。前者によると、1994年末で確認されている日本におけるカワウのコロニー（繁殖地）は、青森県、東京都、埼玉県、静岡県、愛知県、三重県、滋賀県及び大分県で、富山県は入っていない。しかし、後者では1994年5月から1996年3月にかけての11回の調査で、5〜220羽の範囲で毎回カワウが確認されており、総数では1277羽となっている。そして、1996年6月2日には14の木に57の巣が確認されている。ま

た、篠田さんによるとカワウが目立った個体群として観察されるようになったのは1992年頃だという。これらから考えると、カワウが見られるようになったのは5年前から、そしてコロニーを作り飛躍的に増えたのは2年前からとなる。これは川漁師たちの証言とも一致する。で、古洞池周辺にいる鵜の数だが、これも人によりまちまちで、ある人は数百羽、ある人は数千羽と言い、中には1万羽と言う人もいる。1万羽と言うのはちょっとオーバーで、千羽程度というのが妥当なところだろう。

　そして、富山にカワウが飛来した俗説が次のように流れている。愛知県にコロニーを持ち、木曾三川を摂餌場としていたカワウが、長良川の河口堰建設により餌場を失い、その一部が琵琶湖に飛んだ。琵琶湖でも害鳥として駆除され、その一部が福井県の九頭竜川に行ったが安住できず、ついに神通川にたどりつき、古洞池の森に定住した、というものである。誰が言ったかよく覚えていないが、県内の鳥類の研究者の中にもこの説は妥当ではないかと言う人もいる。とすると、根本的な原因は別にあるとしても、引き金は長良川河口堰の建設であることになるが、そう言えば神通川への飛来の時期と長良川河口堰の建設の時期が同じ頃だといえないこともない。

　ところで、鵜はアユをどのくらい食べるのであろうか。（前者）によると、カワウは1日に200〜400gの魚を食べるそうである。しかし、愛知県での狩猟駆除個体の胃内容物の調査例ではアユはわずかしか出てこなかったとされている。鳥類の研究者はどちらかというと鳥を保護する立場にあるので、漁業被害については極力触れたくないのは分からないでもない。しかし、神通川の漁師は誰もそんなことを信じない。鵜は保護鳥であり、誰もが鵜の胃の中を調べられる訳ではない。鵜の胃にしたって、場所、季節、時間で違ってくるはずである。夏の間神通川にくる鵜の食べものは、アユ以外には考えられない。私自身、8月下旬の神通川の瀬で、舟の舳先で投網をかついで立っている私のほんの数十メートル先で、鵜がアユをくわえて水面に浮上し、アユをくわえなおして、あわてて飛び去っていったのを目撃したことがある。

　各文献にはそろって、カワウは潜るのが巧みで上手と書いてある。神通川の漁師だけでなく、鳥の研究者も「鵜は漁（複数で魚を追い込みながら捕まえる）が上手だ」という。とすると、これはたいへんな事態が神通川に起ったことに

なる。現在、神通川（富山漁協）の組合員は1100人程度である。で、実際このうち何人が、どれほど川に出ているかとなると、いささか心許ないところがある。が、カワウはよほどのことがない限り、毎日川に出る。プロの魚捕り集団が突如神通川に出現したようなものである。もちろん、１羽当たりの漁獲尾数は１人当たりの神通川の漁師には遠く及ぶべきもないが、鵜は全員で、それも365日の出漁である。いくら神通川でも365日出漁する漁師は一人もいないであろう（物理的に無理である）。カワウは水産業協同組合法の組合員資格を完全に満たしている。仮に古洞池の鵜を千羽程度とすると、冗談ではなく、神通川で魚を捕る人（鳥）は倍増したのである。

素晴らしき川、神通川

　現在でも、全国的にみると神通川は素晴らしき川である。神通川にはサクラマスを始め、アユやサケでも全国有数の漁場がある。戦前に皇室の御猟場のあった河川は全国でも長良川と神通川だけであったが、長良川の指定魚種はアユだけであったが、神通川ではアユ、サクラマス、サケの３つが指定されていた。

　今でも春から初夏にはサクラマス漁が行われる。下流域ではマスの流し網漁や流し刺網漁が、中上流域では投網漁が見られる。近年は県内外からのルアー釣りによる遊漁者が増え、最近漁協があわてて規制に乗りだしたところである。夏には神通川全域でアユ漁が行われ、投網、てんから網、毛鉤釣り、友釣りなどの多くの漁業者、遊漁者で賑わう。特に最近は琵琶湖産アユの不振から、天然アユが多数遡上する神通川へ、県外から多くの友釣り師が訪れるようになった。また、夏には神通川第三ダム下のプールに巨大なマスの群影が見られ、多くのマスが水面を飛び跳ねている。秋にはサケが遡上して来て、河原には色とりどりのテント（おとり小屋）が立てられる。サケは神通川独自のオトリ漁や流し網漁、投網漁で捕獲される。

　水産試験場としても、神通川で調査をする場合、これは勇気がいる。以前にアユの調査が始まったとき、他の研究員には上市川などの小さい川で調査することを勧められたが、私は漁業（漁）の存在しない河川でやっても意味がないとしたが、そういう私でさえ神通川での調査はためらってしまい、結局、庄川で調査を行った経緯がある。現在は神通川で調査を行っているが、もしかした

ら労苦の割にはデータが全く取れないかも知れない、という不安は常につきまとっている。それほど巨大な川なのである。軽々しく調査河川に選べるような川ではない。

　神通川は富山市の中心部の側を流れている。富山市のすぐそばで、マスが獲れ、アユが釣れ、サケが捕れる。これは、よそでは考えられないような幸せである。

　もう、よそう。こんなことは神通川に長らく関わってきた人なら誰でもよく知っていることである。ここでは、長く書く必要はなかろう。

カワウがもたらす漁業被害

「鵜で、鵜で、このまま放って置いたら、マス、神通川からおらんようになっちゃ」。長年神通川で鱒漁をしている古老の漁師達は口を揃えて言う。もちろん、いくら鵜がどん欲で、大食であったとしても、2～3kgもあるサクラマスの親魚を食べれるはずはない。鵜が食うのは河川にいるサクラマスの幼魚（ヤマメ）で、特に問題なのは冬場から春先にかけてである。

　アユはいい、目をつむろう（やっぱり目をつむれないが、ここでは敢えて述べない）。アユの資源量は放流尾数から単純に推定しても、数百万から１千万を越えるものと考えられる。少しは鵜にくれてやってもよいかもしれない（そのアユであるが、平成８年は近年にない不漁、そして平成９年は前年の数分の一の量しかいなかったという漁師が多いが）。しかし、マスはそういう訳には行かない。鵜は古洞池周辺の山を拠点に周年棲息している。初夏から秋にかけてアユを主として食べていた鵜は、冬から春には何も食べないという訳には行かない。冬はウグイかサクラマス幼魚（ヤマメ）、春は降海していくサクラマス幼魚（スモルト）かサケ稚魚。考えられるのはこれしかない。もちろん、カワウといっても、何も川だけで摂餌する訳ではなく、浅海でもするらしいが、冬場の富山湾は荒れる日が多かろうし、それまで川で食べていた鵜が急に海と言う訳にもいくまい。勝手知ったる神通川である。神通川においしい魚がいる以上、神通川で食事をしたいと思うのが人（鳥）情だろう。

　サクラマスの漁獲尾数から推定すると、冬から春に神通川にいるサクラマス幼魚は数十万尾程度で、多くても百万尾には達しないと思われる。仮に千羽の

鵜がいたとして、言われるように10尾（200〜400g）の稚魚を食べたとする。そうすると、計算上は2、3か月で幼魚はほとんどいなくなってしまう。もっとも、実際はこう単純にはいかないものであろうが、それでも大打撃には変わりはない。平成8年のサクラマスの漁獲量は2トン、平成9年は主要な漁師の漁獲尾数を合計しても数十尾という悲惨さで、正式な集計結果を見るのが怖いくらいである。ここ2年のマスの不漁は、鵜の出現時期と符合する。やはり、鵜のせいなのであろうか。

　庄川では神通川より河川規模が小さく、堤防からの見晴らしもよいので、鵜の飛来は少なくともアユ漁の期間中は神通川より少ないと先に書いたが、アユ（に限らないが）資源に与える影響は、どうもそうでもないようだ。全県的に産卵親魚の保護のためにアユ漁が禁漁となっている平成9年10月5日（日）のことである。その日私は、夏の間アユ釣りに一人で休日を謳歌した（？）罪として、恐い妻から子守を命ぜられていた。子供はかわいいにはかわいいが、子守は疲れること甚だしい。そこで一番てっとりばやい子守は何といっても車に乗せてただ走ることである。その日も、下の2人を乗せて、そのうち寝てくれるだろうと思いながら、何となく庄川の方へ走っていた。庄川に近づき、「アユの産卵でもみようか」と南郷大橋から下流の河川敷を奥まで入っていった。しばらくして、ふと川に目をやると遠くに黒い塊が見えた。（なんだろう。鳥は鳥だが。鵜だ。それにしても多い）。車を止めて数えるとその群れは3百はいそうだった。子どもは、と見ると、真ん中の子は寝たが、一番下はまだ寝ていない。（これは写真を撮っておいた方がいいな）と思い、家へカメラを取りに引き返し、また現場に急いだ。

　誰も来ませんように（逃げてしまう）と祈りながら、現場に着いてみると鵜は群れの隊形を変えてはいたが、そのままだった。すぐに降りて、写真を撮り続けた。よく見ると下手にもう一群いた。何枚か撮りながら、鵜に近づいていったが鵜はまだ気づかない。よしよしとほくそ笑んだその時である。「ブッ、ブー。ブッ、ブー。」と車（ジムニー）のクラクションが大きな音で鳴り響いた。鵜は一斉に飛び立とうとしたので、慌ててシャッターを切ったが、イマイチのできだった。「あのバカ息子が。よりにもよってこんな時に」と腹が立ったが、車に戻って息子のニコニコ笑っている顔を見るととても怒る気にはなれなかった。

　２日後の庄川での河川調査の際にも、中田橋下流で数百羽の鵜の群れに遭遇した。その時は川漁師と庄川漁連の職員と一緒に舟に乗って川を降りているところだったが、３人ともその「黒い塊」が河川漁業に何をもたらすかは黙っていても分かった。神通川のある漁師は「禁漁になって誰が一番得するか言うたら、鵜やちゃ。禁漁になって誰も川に入らんようなるし、鵜の天国やわ。15日間も川に出れんのは産卵保護のため仕方がないが、その間、鵜だけにアユ捕られとんがを指をくわえて見とんがちゃ、情けないやら、はがやしいやらで、だらくさてやっとられんちゃ」と苦言を述べる。県の調整規則では10月１日から７日までアユの産卵保護のために禁漁としている。しかし、近年の河川環境の変化や遊漁者・遊漁回数の増加による漁獲努力の増大に対処するために、この禁漁期間を神通川では15日間に、庄川では10日間に自主的に延長している。また、神通川では高速道路から下流720mを、庄川では南郷大橋の上下１kmを産卵期間中、禁漁区域としている。しかし、これも適用されるのは人間だけであって、鳥には関係ない。むしろ、鳥は人間に邪魔されない分、のんびりと魚が捕れるであろう。

■　神通川から魚の消える日

　カワウだって生きるためには必死なのであろう。先の俗説に従えば三河湾・伊勢湾、琵琶湖近辺にいたと思われるカワウは、周辺の川と海の開発や毎年のように行われる害鳥駆除のために、新しい生活の場を求めてさまよい、はるばる雪の降る富山まで来て、神通川という豊かな川を見つけたのであろう。本来カワウにとっても、雪の降るところ、寒いところは苦手のはずである。しかし、生きるためには仕方がない。富山県の河川へのカワウの出現は、日本に豊かな川がなくなってきたという証であろう。本来、自然が豊かな川では、人間の取り分の他に、熊やキツネなどの動物が食べる分、サギ、カワウなどの鳥が食べる分などが十分に満たされていたはずである。しかし、人間の行ってきた河川（だけでない）開発のために、水産サイドにはそういう余裕はなくなってしまった。鳥にさえ余分に与える魚はいなくなったのである。人間の愚かさ、おぞましさと言えばそれまでだが、カワウの神通川への出現は、やはり人間の行為の因果応報なのであろうか。

　なお、不思議なことにカワウは近年減少を続けていたのが、何故か最近増え
だしたという。新たな開発や駆除が原因らしいが、それでも何故増えだしたの
かは、私自身はよく理解できない。毎年棲みにくくなっているはずなのに、増
えだすのはおかしい。これは人間で言えば、正常な細胞が癌細胞化して突然増
え出すのに似てはいないだろうか。そういえば、カワウの繁殖期は長く、年に
複数回も雛を育てるという。ある鳥類専門家によれば、百、二百羽落としたと
ころで、すぐに回復するという。日本の川（自然）全体が病体に陥り、カワウ
という新手の病魔に蝕まれ始めた、と、みれないこともない。小手先の対処で
はどうしようもなく、大手術が必要なような気がする。

　河川環境の激変、湖産神話（河川環境が変わって地アユが減っても、その分
生きのいい湖産アユを放流さえすればよいではないか、という安易な考えに基
づいている）の崩壊に加えて、遊漁者・遊漁回数の激増だけで神通川は青色吐
息である。そこへ降って湧いたようなカワウの出現である。河川環境の激変に
比べればカワウの出現など取るに足らないものなのであろうが、その取るに足
らないことさえが、現状の神通川では、息の根を止めかねないものとなってい
る。果たして、カワウは神通川（だけではないが）にご臨終を告げにきたので
あろうか。

　豊かな漁場が存在して初めて漁業（遊漁）が成立し、漁業者（遊漁者）がいて、
初めて水産試験場は存在する。神通川から魚が消える日、それはすなわち、私
たち水産試験場の存在理由も消える日を意味している。もちろん、我々水産の
関係者は、神通川の魚が減らないように（増えるように）、今以上に日々努力
を重ねて行かなければならないが、カワウにしても河川環境にしても水産関係
者だけで対処できる問題ばかりではない。関係する機関と人々が一致協力して
事に当たらなければいけないのだが、現状はなかなかそうはいってないように
見受けられる。さらに言えば、水産サイドの側にあっても、危機意識を強く
持っているのはごく一部の人に過ぎないということもある。鵜の問題だけでな
く、何事においても、後手、後手に回ると、神通川から魚の消える日が本当に
到来するかもしれない、という危惧を抱いているのは、私だけであろうか。

内水面の漁法―テンカラ網漁

（平成10年5月）

■ 真夏の川の風物詩

　8月。日本の夏は暑い。真夏の午後の昼下がり。京都で学生時代を過ごして
いた頃は、夏の暑い日には、森に囲まれた神社や山の高台などに行き、読書を
するなり、蝉時雨の中で物思いに耽るのが密かな楽しみであった。あるいは、
風鈴の音の中で午睡をまどろむのも悪くはなかった。別に運動が嫌いなわけで
もなく、京都の北山も汗だくでよく登ったものだが、それでも春か、または秋
から冬であった。夏は暑く、とかく活動的になる季節ではなく、何となくやり
過ごすのが常だった。この思いは私個人の特別なものではなく、日本人の普通
の感覚であろう。

　が、富山の川は違っていた。富山には清冽な川が多く流れている。清冽な川
にはほれぼれするような美しいアユがたくさんいた。アユはとにかくきれいで
ある。アユがほとんど日本にしかいないと知った時、こよなく日本を愛する私
は、ますますアユが好きになった。（そうであろう、こんなに美しく繊細で、
かつ菜食主義（藻類食）の魚がアメリカなどにいてたまるか）と、内心そう
思った。しかし、そういう私でも、アユを知ったのは、帰郷して就職してから
で、高校時代までは川ではフナとかコイ、タナゴの類しか知らなかった。アユ
を知ったとき、日本にいながら、あまりに遅い出会いを嘆いたものである。

　沖縄や北海道の一部を除けば、日本の夏の川（清冽な川ならば）は、アユ釣
りやアユ漁を楽しむ人で満ち溢れている。ギラギラするような暑さのもとでも
一向にかまわない。どんなに暑くてもいい。いや、暑ければ、暑いほど川に行
きたい。そこには、冷たく清らかな流れがあり、私たちを夢中にさせてくれる
アユがいるのだから。

　アユの楽しみ方は、普通なら釣りで、富山なら毛鉤釣りか友釣りである。毛
鉤釣りは、解禁当初か落ちアユ期を除けば、日中はあまり釣れなく、朝夕のま
ずめ時に限られる。友釣りは真夏がよく、富山の場合、夏は暑ければ暑いほど
アユの追いがいい。友釣りは、朝から夕方まで楽しめる。このように、友釣り

は夏の川の風物詩ではあるが、もう一つの真夏のアユ漁が富山にはある。その
名はテンカラ網漁（普段の呼称は、単にテンカラ）。この漁も暑ければ暑いほ
どいいが、友釣りをする人にとっては天敵にあたる。昔、釣りしかできなかっ
た時、どれほどこのテンカラ網漁を嫌い、うとましく思うと同時に、（自分も
やれるものならやってみたい）、という思いに駆られたものだろう。

　友釣りで調子よく釣れている時、テンカラ網が来る。マナーがよい人はいい
が、そういう人は少なく、釣りをしているごく近くまで来て、網を打ち、石を
投げる。アユの追いが止まる。果てしなく腹が立ち、憤る。友釣りでほとんど
釣れていないある時、テンカラ網が来る。何やらアユが捕れていそうな仕草が
よく見える。テンカラ網の人が近づいて来たので、そこは大人であるから親
しみを込めて話しかける。「アユ、とれっけ」「なーん、ちょっとだけやちゃ」
「ちょっとちゃ、どだけんけ」「そやの、三十程おっかの」「三十おりゃ、ばん
ばんやにけ」「なーん、少ないちゃ。ところで、あんた釣れたけ」「全然あかん
ちゃ」「そうけ。アユおんがいけどな。ま、がんばられか」。その人がどのくら
いの時間、テンカラ網漁をやったか分からないが、三十とは多い。とても、少
なくともその日は、一日かかっても友釣りでは無理である。（自分もテンカラ
網漁をやってみたい）、当時そう思ったのもごく自然のことであったろう。

■　富山県独自の漁法⁉

　テンカラ網漁は、神通川や庄川を始め、県内の多くの河川で行なわれている
（アユがいれば）。真夏、川のあちこちでテンカラ網漁をやっている人、ある
いは組が見られる。ここで組というのは２人あるいは３人が一組となって漁を
行っていることを指している。もちろん、３人でやるのは違反（２つの網を連
結することも違反）だが、一人がクーラーを持って河原を歩き、他の２人で漁
を行うのである。他のアユ漁にはない（できない。メリットがない）が、テン
カラ網漁には補助者（１人に限られる）というのが認められている。それでも
遊漁料は１人分と変わりないので、何か不合理なような気がしないでもない。
しかし、テンカラ網を用いて、水着スタイルで親子でアユを捕る姿や、バーベ
キューなどを河原でしながら大人が子供達にアユを捕らせる光景は、微笑えま
しく見える。また、このような行為は、子供達に実際に川の中に入って魚を捕

らせることができるという、数少ない貴重な体験をもたらしている。しかし、上下の黒のウエットスーツとタイツで身を覆い、水中メガネをつけ、石を投げつけて、ガシャーン、ガシャーンと激しく音を立てながら、友釣りの漁場を荒らしていく輩たちには、憎たらしいこと限りない。

　テンカラ網漁は、見た目にはいたって単純な漁法である。富山県内水面漁業調整規則には、当該漁具は「長さ＝6m以内、高さ＝仕立上がりで浮子から沈子まで60cm以内」と規定されており、これを場所に応じて直線状（先端部は曲げる）から半円状など、いろいろな形・角度に投げ、下流側から網にアユを追い込んで、網に刺さったアユか、網の下で石の間に逃げ込んだアユを手で捕まえるものである。テンカラ網は沈子付近に投網のように袋網がついている。網目の大きさは12〜11節、身網の糸の太さは1〜2号、袋網は0.8〜1号が標準であろう。糸は細ければ細いほど掛かりがいいが、破れやすくなる。テンカラ網の場合は、網に刺さるよりも、網に追い込んで、その下に隠れているアユを捕る方が多いし、クサリ（沈子）が引掛かっても外すのは丁寧にできるので、投網程は糸の太さは気にしなくてもよいように思われる。

　テンカラ網の基本的な投げ方は、左右の手に網を分けて持ち（1対1〜4対1。人・場所により様々）、腰を使って投げ、きき手でない手は最後まで紐を持っていて網が張るまで離さない（写真）。簡単そうに見えて、いざ実際にやってみると、これがなかなか難しい。最初のうちは、網が途中で前後にひっくり返ってしまうことがよくあるが、こうなるとアユはなかなか捕れない。思ったところに、思ったように投げるのには、やはり熟練を要する。実際に川で見ていても、いろんな投げ方をしている人が多い。別に投げなくても、巻くようにしてもいいし、二人で網の端を持って下流に下がって行って、置いてもいい。テンカラ網漁をやる人は、今ではほとんどが遊漁者であるし、「投網の投げ方」という本はあっても、「テンカラ網の投げ方」という

テンカラ網を投げる川漁師
テンカラ網漁は水量の少ない川では極めて有効な漁法である

本は見たことがないので、正しい投げ方というのが伝承されてないか、もしくは定まっていないのかもしれない。

　テンカラ網漁は投げただけではだめで、それからが問題（技術）である。少なくとも昼間は、網を投げただけでは、よっぽど運が悪かったか、間抜けなアユだけが網に刺さるが、多くのアユは石の間に隠れるか、網を察して（あるいは網に当たって）引き返して、網から出てしまう。アユはとても賢く、学習能力も高いように思える。網を投げた後、アユを下流から追い込み、アユの隠れた石を覚えていて石をひっくり返して捕まえるか、石の隙間から出ているしっぽ（尾鰭）を見つけてそっと捕まえなければならない。熟練者は素手である。軍手をしていると漁果は倍増するが、アユの肌（表皮）は繊細で、軍手による魚のいたみは激しく、アユは著しく弱ってしまう。しかし、軍手では時に水中を泳いでいるアユを掴むことさえできる。

　アユを捕まえる際には水中メガネとシュノーケルは必需品で、いかに根気よく網の周辺（網の反対側にもおびえたアユが隠れている）でアユを探すかも漁果に響いてくる。網への追い込み方も重要だと思えるが、これにもいろいろある。基本的には下流からドタバタやってアユを追い込むが、石を激しく投げつける人も多い。また、静かにそっと歩くだけの人もいる。石を投げつけるとうるさく、友釣りの迷惑になるので私はやらないが、熟練者に言わせると、石を投げても投げなくても、漁果はそう変わらないという。また、富山県の内水面の漁具・漁法図には、追縄（鵜縄）を使って追い込むとあるが、追縄だけは長年川に出ているが、1度も見たことがない。テンカラ網漁を1〜2時間もやると、足首、膝、腰がすごく疲れているのが分かる。テンカラ網漁は体にかかる負担が大き過ぎて、とても毎日の生計を立てる専門漁師には向かない漁法である。

　会議などで他県の人に「テンカラ網漁って何ですか」と、よく聞かれる。説明するのは、やぶさかでないが、（へえ、他の県ではこういう漁法はないのか）と、逆に不思議に思ってしまう。で、全国の漁法がまとめてある「内水面漁具・漁法図説」（水産庁、平成8年10月）を見てみると、確かにテンカラ網漁というのは富山県にしかない。では、よく似た漁法はと探してみると、テーナ網（手投網、愛知県木曽川水系、岐阜水試の人の話では岐阜県長良川水系でも行われている）、コタカ（大阪府大和川、和歌山県地方にもあるらしい）、なげ網（愛

媛県)、まくり、片手まくり (大分県)、投刺網、片手投刺網 (宮崎県) などが
あるが、いずれも投げ刺網の部類である。しかし、網の規模ではテンカラ網漁
は一番コンパクトである。テンカラ網漁は確かに刺網の要素もあるが、体に肉
がたっぷりとついていて、体で威嚇する自身のあるH君に言わせれば、網は単
なる脅しにすぎないという。テンカラ網漁は脅し追い込み漁とでも言うべきも
のかもしれないが、これを編み出した富山の先達の知恵には敬服せざるを得な
い。とにかく、テンカラ網漁は富山県独自の漁法といってよさそうである。

■ テンカラの語源

　「テンカラ」というと、日本では普通、テンカラ釣りのことを指す。であるか
ら、東京などでの会議で「テンカラ」と単に言うのは、非常にまぎらわしく聞こ
える。テンカラ釣りはイワナやヤマメ、アマゴなどの渓流魚を対象としており、
先の「内水面漁具・漁法図説」にも、奈良県ではアマゴの毛鈎釣り漁法として
記載されている。このきわめて響きのよい「テンカラ」という言葉の語源はたぶ
ん共通のものだと思われるが、それはいったい何なのであろうか。それで、神
通川の古老の漁師達に言葉の由来を聞いてみると、「いやー、わからんな。親の
代からそう言っているからなあ」という人がほとんどである。中には自説を持つ
人もいるが、どうも疑わしいところがある。そこで、「てんからFishing　毛鈎釣
りのすべて」(山本素石編、池田書店)を読んでみると、いろいろな説がでてい
る。その中で、熊谷栄三郎氏は片足飛びを意味する言葉から派生したのではな
いかとしている。片足飛びを意味する言葉には、関西を中心とした「ケンケン」、
木曾や飛騨の「チンカラ」、佐久の「シンカラ」さらに上総地方の「テンテンカ
ラカラ」などがあるそうである。渓流を歩く人の動き、あるいは水面上での毛
鈎の動きからそう呼ぶのではないかとされ、海の漁業でも引き釣りのことを「ケ
ンケン」と呼ぶ地方があると指摘されている。また、切通三郎氏は朝鮮半島か
ら伝わったものではないかとして、「韓(から)の国から伝えられた釣り」、つまり「伝(てん)
韓(から)」という説を述べておられる。この他にも、当て推量に近いものとしてTen
men ten colors (十人十色) 説、テンから釣れない説などがあり、興味のある方
は同書を読んでいただきたい。テンカラ網漁の場合も、川での網の動きや追い
込む人の動きが「ケンケン」に似ているからだと思われるが、さしずめ私の場

合は、テンから捕れない説をとらざるを得なくなるようである。

■ 川の別な面を覗かせてくれるテンカラ網漁

　初めてテンカラ網漁をして、川の中を覗いたとき、私は愕然とした。どうしてもっと早くこの世界を知らなかったのか。そこには、また別の世界があったのである。水面下の世界は美しく、清い流れ、水と光の交錯、アユの喰み跡、褐色に輝いている石、アユ以外にもヨシノボリ、ヌマチチブ、カジカ、カンキョウカジカ、アカザ、シマドジョウ、ウナギなどのような底生性のものから、ヤマメ、ウグイ、オイカワなどのように中層を泳ぐものなど多くの魚を見ることができた。また、ヒゲナガカワトビケラやカゲロウ、カワゲラなどの水生昆虫にも出会えるのである。アユが捕れなくても（捕れないと疲れるが）、いろいろな生き物が目を楽しませてくれるのである。

　今まで知らなかったアユの習性も分かってくる。毛鉤釣り、友釣りでもある程度のアユの習性は分かる。夜、そして濁った昼は投網を打てば、アユがどこにいるかよく分かる。そして、清らかな昼はテンカラ網。昼、投網を打った時に何故アユが入らないのか、テンカラ網を打って初めて分かった。水の清い時、テンカラ網を打ってもアユは石の隙間に素早く隠れる。そういう行動を何度も目の前で見せられると、水深の浅いところで、かつ、よっぽど運の悪い、出会い頭のアユしか投網には入らないと思った。以来、昼の投網は、濁ってでもいない限り、全く打ちたいとは思わなくなった。

　水中で生きている魚を手で捕まえるという行為には独特な楽しみがある。水中では光の速度は空気中の約4分の3になる。このため、水中では空気中より物が25％近くに見え、大きさは約1.3倍に見える（と、私がダイビングを習った時のテキスト「ザ・スクーバ・ダイビング・マニュアル」（安永周二著、八朔社）には書いてある。ちなみに、水中を伝わる音の速さは空気中の約4倍なので、水中の石音は、人間が思っている以上にアユには速く伝わる）らしいので、水中で見えるアユは大きい。富山水試でも調査にテンカラ網漁を使用することがある。調査中は、ただでさえ「アー」とか「ウー」とか、「クッソウー」とかという奇声がよく発せられるが、時に大きなアユに出くわすと、「ウワー」「どうしたが」「でっかいアユに逃げられた」とか、「よし、でっかいアユ捕まえた

ぞ」という会話がなされるが、いざアユを水中から出してみると、「あれ、こんな小さかったかな」となる。戦果（漁果）報告の時でも、「あれ、もっと大きいアユおったはずながに、おかしいな。ビクに穴あいとんがかな」となる。きっと、水中での見た目の感覚が強く残っているのであろう。また、2人1組でアユを捕っているので、水中では魚などの他に、相棒の顔や手、体をよく見ることとなる。また、1つの網でどの部分までアユを探すかという分担も自然と出てくる。時々、相棒にアユが捕れているかどうかを確かめなければならないが、首を横に振ったり、指で1、2と示すだけで意味が通じてしまう。2人で捕るテンカラ網漁は、1人で捕るのと違い、連帯感というか、情らしきものが相互の間に生じてくる。共に飛び跳ねた川、二人で捕ったアユということになる。

■ テンカラ網漁はどうなるか

　ここまで読まれた方なら、テンカラ網漁がどういう場所で行われるか自然とお分かりであろう。そう、水深の浅い平瀬かチャラ瀬が主な漁場で、早瀬（荒瀬）や淵は、よっぽど体格がいい人以外は、手が出ない。私だったら、どんなに深くても腰位の深さで、普段は膝から浅いところでしかやらない。その分、アユも小さいのが多くはなるが体力には勝てない。で、テンカラ網漁は今後どうなるか。昭和50年代当初からは、神通川でも庄川でもテンカラ網漁の許可件数は増え続けている。そして、河川の環境はさらに平瀬が増え、早瀬、淵が消える傾向にあるので、河川工事の方向が抜本的に変わらない限り、テンカラ網漁の漁場は増え続けることになる。従って、テンカラ網漁人口はさらに増えるであろう。テンカラ網漁を行っている人にはうれしいことのように思えるが、平瀬が増えるということは、相対的に淵が減り、アユそのものの数が減るし、人が増えるので、きわめてアユの少ない瀬でしか漁が行えないということになる。

　本来、神通川や庄川などの大河川はテンカラ網漁を寄せつける（受け入れる）ような川ではなかった。神通川はそれほどでもないが、現在の夏期の庄川はテンカラ網の入れないところはほとんどないくらいの少ない水量である。ダムの建設や砂利採取、河川工事などで変わり果て、青息吐息の川でテンカラ網漁を楽しむのはとても後ろめたい気分で、また、漁が行われている姿をみるにつけても、たいへん心苦しいものがある。しかしながら、テンカラ網漁の持

つ、他人とできる、親子でできる、大人と子供でできるという魅力には捨て難いものがある。子供達にテレビゲームをやらせているくらいなら、少しでも川に触れさせている方がよっぽどいいとも思う。しかし、現在の川のおかれた状況とアユの資源状態を考えると、今後はどう考えても、テンカラ網の今以上の統数制限や漁場制限が必要になるだろう。そして、私はと言えば、テンカラ網漁とおさらばし、友釣りに専念しようと思っている。

内水面にまつわる怖い（？）お話—現実編

（平成11年1月）

胴長の着用

　もう時効だから書くこととしよう。あれは幾年も前の４月初めの庄川でのできごとであった。私はO氏とサクラマス降海幼魚の追跡調査をしに、庄川へ来ていた。その日は増水しており、前回の調査日よりも水は高かった。私は無理できないと思い、岸から届く範囲に投網を打っていた。融雪期の庄川は夏とは違い大河川である。本流１本のところはとても手がでないので、調査場所は川が東西に分流している箇所の東側の地点を選んでいる。

　そのうちO氏は、前回の調査でよく魚が捕れた場所を思いだしたのか、川を横断して中州へ渡ろうと川の流れの中へ入っていった。私は危ないと思い、「Oさん、無理しられんなか。危ないよ」と声を掛けたが、聞こえない様子だった。それで、自分も同じ所へ行こうと思い、O氏の後に続いた。しかし、私は２、３メートル入ったところでもう無理だと判断し、留まった。自分の体で腰近くまで水が来るとダメである。私は体格が華奢な方なので、自分としての限界を常に自分に言い聞かせている。O氏はと見ると、どんどん沖に進んでいる。「Oさん、危ないよ。戻ったほうがいいよ」と、２、３回大声で叫んでも、水の上の距離は近そうで、遠い。聞こえているのか、いないのか分からない。と、O氏も危ないと察したのか、戻ろうとするが水流が強く、方向転換できないでいるようだった。中州の岸までにももうひと深みあるようで、O氏は川の中央で進むに進めない、戻るに戻れない、見るからに危険な状況に陥っている

ように私には感じられた。私は「Oさん、投網捨てられ。早く、バケツごと捨てられ」と大声で叫んだ。

　ある一瞬、O氏はスーと流された。危ない！と緊張感がみなぎったが、O氏は数メートル流されて橋のペア（橋脚）につかまった。O氏はペアの上流側に両手と水圧でなんとかへばりついている感じだった。見ている私には何もできない。私はバケツと投網を早く捨てるようにと大声で叫ぶことしかできなかった。しばらく時間が流れた。私にはその間O氏が何を考えているのか分からなかった。突然、O氏の姿がペアの向こう側に消えた。私は天を仰いだ。O氏の奥さんと子供さんの姿が脳裏に浮かんだ。（あー、なんてことだ。奥さんにどうやって謝ればよいのだろう。あ、そうだ。今日は水産試験場の歓送迎会の日だ。大事な日にとんでもないことをしてしまった。皆にどう言おう、場長に何と説明したらいいのか。当然、進退伺いを回すところだな）などと、最悪の場合の時のことが次から次へと頭に浮かんだ。この間数秒。と、ピンク色のバケツがペアの陰からプカプカ流れて行くのが視界に入った。（ああ、やっぱりダメか。いかん、こうしてはおれん。とにかく人を呼ばなくては）と走りだした時、水面に浮かんだ胴長の足の部分が、ペアの下手に流されていくのが見えた。そして、O氏はといえば、流されながら手だけで泳ぎ、何とかして中州の岸にたどりついた。（ああ、よかった。何とか助かったようだ）。

　O氏は岸にはい上がり大回りをして戻ってきた。O氏の語るところでは、やはり川を横断している途中で前にも後ろにも進めなくなり、そして流された。ペアでじっとしていたのは、その間、足の空気を抜くために胸から水を入れていたそうである。そして、胴長が水に満たされてから、思い切って泳いだと言う。何という冷静さであろうか。生命の危険を感じる場において、みだりに慌てないのはたいしたものである。これはO氏の度量と経験がものをいっているのであろう。

　また、これは私たちが常日頃胴長の危険性について語り合っていた成果もあるかもしれない。例えば、神通川でほんの水深50cm程の川岸そばの緩みに立ち入って、アユの毛鉤釣りをしていた老人が足を滑らせて仰向けに倒れたのを、対岸から見たことがある。すぐに起きれるだろうとたかをくくっていたら、その老人はなかなか起きれない。そのうち手足のばたつきがひどくなり、溺れる

寸前の様相を呈してきた。大声をだして近くにいた釣り人に助けにいっても
らった経験がある。このような体験を踏まえ、もし流された時にどうするかを
日頃から話し合ってはいた。

　気丈なO氏はずぶ濡れになった下着類を手で絞りあげて、そのまま調査を続
けた。普通（私）なら風邪をひくところだが、人生でもそうは体験しないでき
ごとの後なので、精神が高揚していたのか、なんともなかったそうである。そ
の夜の歓送迎会。私は何事もなかったように振る舞ったが、こころなしかいつ
もと違って（いつもと同じように？）酒を飲み過ぎ、途中から記憶がなくなっ
たのであった。

　もう一話。東京でアユの担当者会議の終わった後、某水試の某氏が私に近づ
いてきて、傷だらけの腕を見せながら「田子さん、もう少しで死ぬところでし
たよ」と話しかけてきた。「死ぬとは物騒だな。で、どうしたの」と、ことの
顛末を聞いた。彼の話の概要は次のようであった。秋のアユの産卵親魚の調査
で梁にかかるアユを調べるため舟で捕獲場所へ移る時、1つの瀬を横切ろうと
した際、操舟を誤って舟ごと瀬に巻き込まれ流されたと言う。時節柄秋であっ
たため胴長を着ていた。流されながら何度も石（岩）にしがみつこうとしたが
手がすべって上手くいかなかった。また、何度も胴長を抜こうとしたがどうし
ても抜けなかったと言う。結果的に何度か水を飲み、腕と手は傷だらけになり
ながら、2百メートル程流されてやっとある石にしがみついて助かったとい
う。流される途中、何度も妻子の顔が浮かんだそうである。後で上司に報告す
ると、「もしものことがあると、上司としてもただではすまないな」と言われ
たそうだが、こういう希な体験を聞かせてもらえるのはある意味でありがたい
し、また、伏せて置くよりも同じ調査をしている水試の人や漁業者・遊漁者の
皆に知ってもらって、今後の貴重な教訓とすべきものであろう。

■ マスコミの取材

　マスコミの取材というのは、概してこちらの仕事の都合と関係なく、急に、
そしてある種の威圧をもって行われる。もちろん、私は公務員だから、広報課
発行のマニュアルを読むまでもなく、どのような取材に対しても基本的に丁寧
に、前向きに応えることとしている。ある4月の初め、某社から私が富山市科

学文化センターに寄稿した「春を告げる川魚、サクラマス」を読んで、ヤマメがサクラマスになるという事実は一般の人は知らないと思うし、またインパクトが強いので、そのことをまとめた番組（広報番組、約８分程）を作りたいのだが協力してもらえないかという申込があった。私は常に忙しくはあったが、取材理由も妥当だし、先にも述べたとおり断る理由はない。そして、打ち合わせをするうちに、それではと、ゴールデンウィーク中の５月初めに神通川水系野積川の現地での取材に協力することとなった。私の役目は野積川でヤマメを捕るのを補佐すればいい、と私は思っていた。

　しかし当日、局に行ってみると、Ｔディレクター氏と某ナレーター嬢に、「田子さん、今日一日役者に徹してください」と言われる。「え、僕がしゃべるの。聞いていないなあ。嘘でしょう」と無駄な抵抗を少し試みたが、シナリオを渡され、あっさりと従うこととする。極力しゃべりたくはないが、これも仕事の一つだからと諦める。神通川中流域の河原で一言、二言しゃべった後、野積川へ向かった。何故、野積川なのか。シナリオに従えば、現場は神通川水系でサクラマスが遡上でき、天然のヤマメがいて、水が清冽で、緑が映えている場所がいい。さらに上流部（山間部）に車が向かっているシーンもほしい。これらのぜいたくな条件をすべて満たすのは、井田川水系しかなく、とにかく野積川へ行こうということになった。地元の漁協には事前に電話を入れておいて、了解の上、人（捕る人）をつけてくれることになっていた。しかし、当日の朝、都合が悪くなったとのことで、逃げられてしまった。

　一度でも釣りに入ったり、あるいは網を打っていればポイントはある程度分かるのだが、私の渓流釣りのホームグラウンドは白岩川だったので、井田川水系には入ったことがなかった。どこにヤマメがいるのか全く分からないまま車を走らせ、開けた場所に出た。車が２台止まっており、釣り人（フライ）が３人、川に入っていた。２、３日前に雨がかなり降ったので、川の水は濁っていると思って（願って）いた。ところが、現地の川の水は予想に反して清冽だった。（ああ、この辺はやっぱり山がいいのだな）と感心しつつも、（この水で投網を打てと言うのか）と、気が重たくもなった。ディレクターは、天気といい、山の新緑といい、清冽な水といい、イメージぴったりだと喜んでいた。川から上がってきた釣り人に釣果を聞くと３人とも０匹だという。（そりゃそう

だろ。ゴールデンウイーク中の昼頃に、それもこんな入りやすい場所で竿を出して釣れる川など富山県でもそうあるもんか）と思った。で、ここにヤマメがいるのかと聞くと、いや、何が釣れるのか分からないという。不安になったが、意を決して投網を打つこととした。

ディレクターは網を打てばすぐにでもたくさん入るものと思っている。多少の濁りがあって、例えば前述した庄川のサクラマスの降海幼魚調査のように放流地点が明らかな場合は、一網数十尾も大いに有り得る。が、日中に透き通った水の中で、それも平瀬で、投網で魚（特にアユ）を捕る困難さを私は十分承知している。持って行った網は、アユ用の12節、700目、袋の糸は３号の太い仕掛け。オモリは渓流用のナツメ型でなく、クサリ型である。捕れるなら１、２投のうちと思っていたが、捕れない。クサリは岩や石にひっ掛かる。ひっ掛かっても飛び出す馬鹿なヤマメがいるのではと期待したが、それもいない。

10分、20分。私は平瀬を打ち上がった。捕れない。ディレクターは変だなという顔をしている。しかし、上流数十メートル先には堰堤があった。通例、堰堤の下には好ポイントがいくつもあるはずであり、そこにはいるだろうと思った。が、堰堤の下でもヤマメは捕れなかった。しかたなく、堰堤上流の平瀬をさらに打った。しかし、都合約30分程打って、捕れたのはカジカ２尾だけ。魚がいないのか、釣り人が多く入って川を荒らしたせいなのか。ディレクターにこの場所はダメだと告げると、「じゃ、別の場所へ行きましょう」と一言。

次に選んだ場所は前よりもずっと下流で、橋の橋脚の辺りに大きな淵がある場所であった。ポイントとしてはいい。しかし、透明度がいいので、水深のある淵では無理だ。投網で捕れそうなのは瀬から淵に流れが落ち込んでいる瀬落ち付近の段になっている波だっている場所だけだと思った。しかし、いきなりそこへ打っては芸がないので、定石どおり淵の下流の瀬から捨て打ちしながら上がり、「頼むから」と願いを込めたそのポイントで打った網にヤマメが入っているのを見た時には、本当に安堵した。尾鰭、脂鰭の朱色が鮮やかな、きれいなヤマメだった。ヤマメが捕れたことを告げると、暇そうにしていたディレクターとナレーターは飛んで来て、最後の撮影にとりかかった。シナリオどおり撮影が終わった後で、ディレクターは、「やらせ」はやりたくなかったので、どうしても私に天然のヤマメを捕って欲しかったという。番組そのものは、ヤマメとサクラ

マスは親子のような関係にあり、ヤマメが減ったからサクラマスが減った。そして、ヤマメが減った原因は河川環境の変化にあるというもので、ダムや護岸の映像も入って真実に近く、とてもよい放送番組だったと思っている。

　3時過ぎに遅い昼食をとった後、帰りの車の中で、（川漁師でさえ何月何日にアユを何キロ捕ってほしいと頼んでも絶対に応じない。何故なら、川漁師でも状況により捕れない日がままあるのをよく知っているからである。今回はたまたま捕れたからよかったものの、もし、ヤマメが捕れなかったらディレクターは何と言っただろうか？捕れるまでか。夕方まで捕れなかったら？次の日か。番組作成には時間的にも厳しいものがあろう）。そう思うと、半分、一か八かのこういう取材に応じるのは、本当は怖いものなのだとつくづく思った。

■ ウグイの消失？

　現実編としてはこの話が最も怖い。最近、神通川のある漁師に「田子さん、ワシは来年、組合員を止めよう思うとんがや」「え、なんでけ」「足腰弱ってもう網まけんようなったし、魚捕んがは息子達に任せっちゃ。ワシは舟を漕ぐだけでいいちゃ。それに、この川の状況じゃ、来年もアユおらんしな。それに最近はウグイもおらんようになったちゃ」。来年もアユがいないと言われれば返す言葉がない。冷水病に加え、カワウの存在は変わらない。海産アユは10月中旬の台風による大雨で、アユが多数産卵していた瀬が消失したりして、大きな影響が出ている。庄川での降下仔魚の調査でも今までになく、仔魚の数は少ない。また別の神通川の漁師には「田子さん、この網あげっちゃ」と雑魚用の投網を差し出された。「え、なんで」「なんでえいうて、神通川の下にちゃ、ウグイとかフナがおらんようになったわ。この網持っとっても、なんもならんかろが」。何人かの漁師の話を聞いても、神通川ではウグイなどがめっきり減ってしまったのは事実のようである。

　庄川のある漁師も、「田子さんよ。なんか川おかしないか。最近はウグイもおらんようになったぞ」。これは大変と別の漁師に聞いてみると「そやな。いつもやったらサケの梁の下にちゃ、ウグイが真っ黒になっていっぱいおんがに、今年の秋は全く見えなんだな」との返答である。そういえば、毎年庄川でのサクラマス親魚の捕獲の際にも、例年だったら多く掛かるマイボ（マルタウ

グイまたはウグイの大型魚）がほとんど掛からなかったのを思い出した。また、ウグイが減ったせいか、降下仔魚の調査の際でも腐った藻類の流下が心なしか多かったような気がする。

　何故、ウグイは激減したのだろう。漁師達はカワウのせいだと信じている。本当にカワウだけのせいなのだろうか。カワウや冷水病を含めた河川環境の大きな変化が、川が本来持っているところの、変化に耐えられる許容範囲、つまり臨界点をもう越えてしまい、川そのものが弾力性を失ってしまったのではなかろうか。いずれにせよ、今年の川の漁模様も楽観的な予想が許される状況になく、河川漁業資源の増殖・管理を考える上でも、日本の政治・経済状況のように、大きな変革が求められているのかも知れない。

（続）内水面にまつわる怖い（？）お話─神経衰弱編

（平成11年5月）

　前章の現実編で同僚が胴長で流された時の調査の話を書いたが、平成11年4月19日付けの新聞に、昨日（日曜日に調査をしていたんだね）、北九州でアユの調査中に、大学教授と学生が胴長をはいたまま川に流され、教授が死亡、学生が重体の記事が出ていた。同じアユの調査に携わるものとして、亡くなられた方には心よりご冥福をお祈りしたい。このことで、データにすれば何行かの数字にしかならないが、野外調査におけるデータの持つ意味合いが改めて認識できたような気がする。以下に、前編からの話を続ける。

川漁師の体験

　神通川（だけでもないが）の漁師の多くは、増水時の川で1度や2度の命にかかわる危ない体験を積んでいる。昼間水が透き通っていると、アユはなかなか捕れないが、増水して濁ると昼間でも容易に捕れるようになる。このため、舟を持っている漁師はここぞとばかり、川に出て投網を打つ。基本的にはきわめて安全なのだが、飛行機と同じように時に間違い（事故）が起こる。舟から投網を打っている相棒が落ちると（水深のある箇所では）いったん、水面下に沈むらしい。すると、竿を持っている人は極めて慌てふためくが、流されなが

ら相棒が再び浮かび上がったところを、間一髪で差し出した竹竿にしがみつけさせて助ける（かった）というのが典型的な例であるようだ。しかし、そういう怖い体験をしたからといって、誰も川漁師を止めようとはしない。かえって、一度は死んだ身だから、といって、以前より謙虚に川に出れるようになるようである。

　神通川で長年、川漁師一筋で生計を立ててこられた藤田清五郎さんは、若い頃、砂利運搬（当時の神通川では川漁師の貴重な収入源だったらしい）で舟がひっくり返って死にそうになり、やっとのことで親父に助けてもらったそうである。その藤田さんは、漁協の役員を止めたというその日、淋しそうに杯を傾けながら、「ワシは若い頃、砂利運搬の最中にほとんど死ぬような体験をした。一度は川に命を捧げた身である。それでも、川漁師一つで子供達を育てあげてきた。我が人生に少しも悔いはない」と力強く、はっきりと言われたことがある。少し唐突な感じだったので、私は一瞬驚いたが、他の職業に就いていても、ここまで言える人はそうはいないと思うとともに、川漁師の川に対する思いが少しは分かったような気がした。

溺死体捜索

　ある夏の終わりの神通川。天候は快晴。昼近く、私は勇躍して富山空港対岸のポイントへ友釣りに出かけた。途中、左岸側にはやけに人が多く、また河川敷公園には消防自動車も多く止まっていた。（なにか演習でもあるのだろうか）と思いながらも心は友釣りのことしかない。（どうか入れるスペースがありますように）と思って、現場に着くと、釣り場所はがらがらに空いている。日曜日なのにこれはラッキーだ、とすぐに身支度をととのえ、仕掛を作ってオトリを送りだした。と、すぐにガツンときた。これはさい先がいい。1匹、2匹、3匹。入れ掛かりである。（このまま続いてくれ）と、4匹目を掛けた時、川舟が一艘、上流から瀬を降っていった。

（おや、なんかおかしいぞ）。別に川舟が通るのはおかしくない。何故、今の舟は網を打たなかった、いや網を積んでいないのだ。下流の淵に降った舟をよくみると、しきりに竹竿を水中に刺している。漁師が漁をしていない、かといって調査（調査なら水試以外には考えられない。しかし、僕はここにいる）をし

ている風でもない。しきりに何かを捜している。嫌な予感がした。ふと、下手を見ると、コンクリートブロックの間を消防の服を着た人が、同じように竹竿を入れている。間違いない、彼らは死体を捜しているのだ。誰かが流されたのだ。そういえば、先ほどからヘリコプターも飛んでいる。こんな時間に、こんな場所が空いていたはずだ。私も友釣りでいろいろな物を掛けてきたが、死体だけはごめん被りたい。それに何よりも皆が捜索している時に釣りなどをしている場合ではない。私はすぐに上がった。

後で事情を聞くと、昨日投網漁をしていた遊漁者が、私が入った釣り場より2つほど上流の瀬を渡ろうとして流されたという。ウエットをはいていたのに何故、と思ったが、どうも手首に手縄を巻いていたらしい。たかだか網のために……と、とても残念に思った。

■ 大錯覚

平成9年には神通川でアユの降下仔魚の調査をしていたが、その時の話である。ある日の夕刻、富山水試の飼育棟で調査の準備をしていると、Hさんがとことこやって来た。Hさん曰く、「田子ちゃん、今から川か。今日はダメでないがかな。山には雨降っとっぞ。大雨洪水注意報でとっよ」「ウソ、大雨洪水注意報でとんげ。でも、人と車の手配もあるし、いまさら止めるわけにもいかんちゃ」といって出るには出た。

途中、車の中で同行したT君とは大雨洪水注意報が出ていること、現場へ行ってだめだったらすぐ引き返そう、との話はしていた。途中、神通川の手前にある常願寺川に架かる橋にさしかかった。川を見た。暗がりながら見えるのは大洪水の川である。「T君よ。これはあかんわ。すっごい水やわ」「これは絶対ダメですね」。そのまま引き返そうかとも思ったが、常願寺川と神通川は違うかもしれないとの思いから、行くだけ行ってみることにした。いつもなら途中のコンビニで弁当を買うのだが、今回は素通りした。神通川の下流域から土手添いを調査地点まで上っていった。見るからに神通川も大きく増水しているように感じられる。「T君よ。帰っか」「帰りますか」とは言ったものの、調査地点まではとにかく行くこととした。

ところが、現場に着いてみると、何のことはない。ごく平水である。神通川

下流域の増水は見間違えていたらしい。それでも、常願寺川の濁流と上流では雨が降っているとの思いから、T君には「水、いつ出っか分からんから、気つけとけよ。もし、水出たら、ネット捨てていいから、すぐに逃げっぞ」と言っておいた。しかし、調査中は今か今かと思っていた出水は、最後までなかった。帰りの車中、「T君よ。おっかしいな。常願寺川は確かに洪水のように水が出とったよなあ」「ええ、大増水でしたよ」。やはり、常願寺川と神通川では違うのだということになったが、帰りに確かめることとした。

　来る時通った橋の上に来た。来る時と同じように洪水のように見える。そこで、土手に車を止め、外に降りてよく見た。すると海からの波の打ち寄せと風による波立ち、そして月明かりによる光の加減で洪水のように見えた川は、よく見るとごく平水の川であった。T君も「田子さん、全然増水してませんよ」と、辺りをうろついてから帰ってきて言った。

　「あれは夢か、まぼろしか」などといった大袈裟なことではなく、単なる思いこみによる錯覚らしかった。どうやら、「大雨洪水注意報」「山手では雨が降っている」、この情報が私達をして「川は大増水」という錯覚を起こさしめたようである。

■ 大増水の投網調査

　平成9年から富山水試では神通川でアユの標識放流調査を行っている。この標識魚の追跡調査は主に富山市中央卸売市場で行っているが、市場の魚は漁師が事前にセレクトしてきているので、体長分布はあまり意味合いを持たないし、病魚・奇形魚は省かれている。標識魚の混入率も厳密には正しいとは言えない。そこで、研究員である以上、どうしてもある調査地点を定め、定期的に調査し、網に入った魚（アユ以外も）をすべて調べる必要がある。そこである漁師にお願いして、定期的に舟を出してもらっている。

　ある年の7月初めの頃である。今朝まで雨が激しく降ってはいたが、たまたま調査予定をしていた日だったので、漁師に電話を入れると「ちょっと、濁って増水しとっけど、できんことないちゃ。こられっか」とのことである。で、実際に神通川へ行ってみると、これが聞くと見るとでは大違いの大増水である（少なくとも私にはそう見えた）。「えー、本当に大丈夫ですか。ちょっと、無

理じゃないけ」「なーつけんちゃ。こんなもん、はちはんでやれっちゃ」。漁師は左岸側が右岸側よりも流れが弱かったので、私が網を打ちやすいように左岸側で私を待たせ、1人で右岸側から左岸側へ舟を回した。

　漁師が舟を回している間でも、この大増水に1人で舟を回せるものかどうか非常に心配だった。後で聞くところによれば、神三ダムで700トン／秒の放水があったそうだから、熊野川、井田川の水を併せれば1000トン／秒ほどはあったのではないかと思われる水である。しかし、その漁師は私の心配をよそに何食わぬ顔をして舟を回してきた。川の横断の仕方は、早瀬を上流に上がる、そして頃合をみて下流に降りながら沖に進む、そしてまた上流に上がるの繰り返しだったように思うが、竿のさせない瀬をどうやって上ったのかはよく思い出せない。

　ところが、舟に乗るまでは不安であった私も、舟に乗って網を打つようになると、狩猟本能が甦ったのか、急に落ちついてしまった。舟に乗ってみるとそれまで一様な流れに見えたものが、ところどころに流れの弱い部分があるのが分かるようになった。漁師はそれをよく心得ていて、打ちやすいところに舟を持って行き、網を打たせてくれた。それでも、さすがにその時は怖くて手縄を手首に巻けなかった。1度だけ手から手縄がはずれたが、その漁師は何も言わなかった。いつものことだが、忍耐強いその人は、ほとんど私の好きなように打たせてくれ、時に漁の最中に、あるいは終わってから、漁のポイントを言われるだけだった。そのうち、打つほどにアユはよく入るようになり、私は時間と大増水ということを忘れてしまった。時に一網数十尾というのも珍しくなかった。その漁師に言わせると、平水時にもこういう時のことを考えて、今日みたいな日でも投網が打てるように日頃から河原のゴミ（障害物）を除いているのだという。しばらく時間が経過して、ふと気がつくと、私たちの下流にはもう一艘の舟が出ていた。

　漁が終わって右岸側の強い濁流を降りながら、（これはまるでテレビで見た大黄河を笹舟で降りているようなものだな。そういえば、以前に舟での友釣りに乗せてもらったことがあるが、その時は落ちた時に上がる場所（中州）をあらかじめ決めていたが、今はそんな生優しい状況じゃないなあ。ここで舟がひっくり返ると2人とも死ぬな）と思いつつも、快晴時に飛行機に乗っている

時でさえ、離着陸には怖く感じるのに、この大濁流の上を笹舟で流れているのに、何故全く怖さを感じないのだろうかと不思議でならなかった。

落雷

　雷は怖い。どこに、何に落ちるかが分からない、というところが怖い。はるか昔、庄川の砺波地区でアユ毛鉤釣りをしていた人が落雷の直撃を受け死亡されたできごとがあった。当時は高校生だったが、アユの毛鉤釣りもする生物担当の教師が話すそのできごとは、生々しく、深く脳裏に焼きついた。

　幾年かの年が経過し、気がつくといつしか自分もアユ釣りをするようになっていた。そして、雷が鳴るとその話を思い出してしまう。ところで、カーボンの竿は本当に電気がよく通るというか、感電性が高い。県東部では少なくとも2人の釣り人がJRの電線に触れて亡くなられた事故が起こっている。私も庄川で友釣りの仕掛を作って、竿を延ばしていた時、かなり離れたところだったと思うが雷鳴が起こった瞬間に、手にピリピリと電気を感じたため、あわてて竿を放り投げたことがある。釣りをしていても、雷鳴が響き、雷が近づいてくると、大概の人は不安になり、やがて釣りを止め、車（車には落ちない、落ちても大丈夫と言われているが本当だろうか？）に避難するものである。私も必ず避難する。しかし、世の中にはいろんな人がいるものだ。避難した車から川の様子を伺っていると、雨足が強くなり、雷鳴と地響きがほとんど同じように聞こえ、雷がすぐ近くに来ているというのに、何と平然と釣りをしている人が幾人かいるではないか。（彼らは命知らずの豪傑なのか？それとも極度に感受性が鈍いのか？それとも、もしかしたら、電気を感じない人間なのか？）などと、いろいろ考えてしまう。もっとも、雷に当たるのは確率の問題であって、幸運な事に、私は目の前で釣り人に雷が落ちるのを見たことがない。

　雷にはアユの調査中でも遭遇する。しかし、陸から一人または二人で投網を打っている場合はいい。頃合を見て車に避難すればいい。しかし、舟の上は別である。神通川での淵調査の時も、終わり近くの富山北大橋付近になって小雨と雷鳴が響きだした。漁師の一人は「いやー、雷鳴ってきたちゃ。嫌やな」と、川漁師でも嫌なものは嫌らしい。しかし、それでも私を乗せたまま4km近くを竿をさして上がって行かれたから、雷もなんのその、すごい気迫と体力である。

　また、ある時私は漁師とともに舟で投網を打っていた。その日は水も透き通っていて、打っても、打ってもアユは入らず、漁の調子はすこぶるよくなかった。ところが、漁も終わりがけに近づき、ほとんど諦めていた頃である。にわかに、雲行きが怪しくなり、雷鳴が轟き、雨が激しく降りだした。私が空を気にしていると「大丈夫やちゃ。近くのビルには避雷針が多くあるから、川にちゃ落ちんちゃ」と漁師には勇気づけられた。そこで、近くのビルを見てみると、確かに避雷針が多く立っているのが見えた。しかし、どうみても川とは距離がありすぎるように思われた。私は不安に駆られながら網を打った。

　ところがである。それまで全く捕れなかったアユが、数時間前に打った同じ場所の、水深20cm位の浅瀬で面白いように入るようになった。にわか雨の濁りでテトラの間に潜んでいたアユが中州側の浅瀬に出てきたものらしい。私は、雷のことはすっかり忘れて、投網に夢中になった。ほんの20〜30分ほどで、その出アユの饗宴は終わったが、そのおかげで、結果的にはいつも以上のアユを採捕することができた。

　これは空から見ていた龍神が、私のあまりの不漁を見かね、多少のいたずら心を出されて雷様を遣わして、私に貴重な体験を授けてくれたものと信じている。が、このような人の心を喜ばすような出来事はなくてもよく（時にはあってほしいが）、データにしても取れた時だけでいいと思っているが、落雷や増水時の危険などように、人間の力ではいかんともしがたい事故からだけは必ず守っていただけるものと、常日頃から固く信じている。

（続々）内水面にまつわる怖い（？）お話
―あなたの知らない世界編

（平成11年10月）

誰かに見られている？

　渓流釣りは楽しい。そして、渓流釣りは1人に限る。1人だからこそ、自然と対話でき、その中に溶け込むことができる。いったいどれだけ、私はこの幸福な時間を過ごさせていただいたことだろうか。だが逆に、1人だからこそ怖

い面もある。釣りに熱中している。と、耳元でブンブンとうるさい音がする。ふと振り返ると、スズメバチである。慌ててしゃがみ込む（この動作がいいのか悪いのか分からない）。蜂が去ってほっとする。渓流沿いの田圃のあぜ道を歩いている。と、アオダイショウがとぐろを巻いている。ドキッとして立ち止まる。次から、草に覆われたあぜ道が通り難くなる。渓流沿いの護岸（石の積み重ね護岸……昔はこれが多かった）を手をかけてよじ登る。顔が土手の上にでる。と、そこで蛇とご対面する。仰天して、下に飛び降りる。幸いな事に、今まで蛇に咬まれたことはないし、出会った蛇のほとんどがアオダイショウで、ヤマカガシやマムシはまれに見かけるだけだったので助かっている。

　ある釣行の昼下がり。とても喉が渇いたので、川の水を飲んだ。すごくおいしく感じ、（ああ、やはり天然の川水はおいしいな）と、つくづく感じた。で、川の中を10m程上流に歩くと、何かが倒れている。みるとカモシカの死体だった。なんとも言えない気分になった。時に木の枝に何かぶら下がって揺れている。昔、松本清張のミステリーや何とかサスペンスなどのテレビを見過ぎたせいか、（まさか、人が首吊ってるんじゃないだろうな）などという観念が浮かんでくる。見るとただのビニールが引っかかっているだけである。また、ゴミ袋や青いビニールシートにくるんで何かが捨てて（置いて）ある。（こんなところに、なんでこんなものが捨ててあるんや）と訝しく思える。（中味は変なもんじゃないだろうな）などと余計なことを考えたりするが、極力中味については詮索しないこととしている。また、川筋を歩いている。と、何かが草むらへスーと消える。（ヘビ？にしては太いし、短い。それに色が違う。カエルにしては、少し大きいし長い。ツチノコ？そんなバカな。つまらんテレビの見すぎだろう）。

　ある日、渓流沿いの山道を歩いていた。ふと前を見ると、何かが私を見つめているではないか。一瞬、ギクッとして立ち止まりそれを見た。（キツネだ）。少し距離はあるがそれはキツネのように見えた。私はキツネが立ち去るのを待った。が、しばらくたってもそれは動く気配がない。（本当にキツネか？）。おかしいと思って近づいてみると、なんとそれは流木が見事に重なりあってキツネのように見えただけであった。

　ある釣行の朝である。その日は比較的好調で、釣り初めからもうヤマメが

２、３匹釣れていた。そして、最もその渓流の好ポイントである、巨大な岩と大きな淵があり、うっそうとした木々に囲まれた、人里から隔絶された場所にさしかかったその時である。ふと、誰かが私を呼んでいるような気がしたので、辺りを見回した。が、誰もいない。（何だ、気のせいか）。再び釣りに没頭する。時たま、風が木々の枝を揺らしていく。と、また誰かが近くにいるような気がしたので、辺りを見回した。が、誰もいない。少し疲れたので休憩をとった。谷筋を降る風がここちよく額にあたる。と、また誰か、いや何かに見られているような気にとらわれた。（動物か？それとも何かが私を見ているのだろうか）。しかし、その奇妙な感覚は、その後は感じなくなり、その日は快調なまま釣行を終えた。後で、渓流釣りをする人に聞くと、やはりそういう体験をしたことがあるという。あれは、動物がいち早く人を察知して、見つめているのだろうか。それとも、渓流の精霊が気まぐれを起こして、そっと声をかけてくれたのだろうか。

　しかし、この神秘的で、とてもやさしかった秘密の場所は、ある秋の台風の後の翌春、巨岩は取り除かれ、木々は無惨に伐採され、代わって無味乾燥な冷たいコンクリートの塊に覆われていた。私はあまりの衝撃にその場で釣りを止め、二度とその渓流に行く気が起こらず、それ以来渓流釣りにはご無沙汰している。

ネズミにむされる？

　古くから狐は人を化かすと言われてきている。言葉の表現にも「狐につままれたような」などの言葉が日本語として定着している。同じ道を何度も繰り返し歩かされたり、たいそうなご馳走だったのが、ただの木の葉だったりする。不似合いな場所に、きれいな女性が突如現れて、おかしいな、と思ってよく見ると、後ろに「しっぽ」があったりする話（創作）はよくみかけられる。それらの話は本当に皆作り話なのだろうか？

　神通川や庄川でも河川敷周辺にはさまざまな動物が棲んでおり、川に出るとそれらの動物に出くわすこととなる。昼は何てことはないが（多くは夜行性）、想像力が働くのが夜である。ある夜、調査を終えて帰ろうと、河原で車のライトを照らす。と、草むらの中で２つの光（目）がギラッと反射する。一瞬、た

じろぐ。光はすぐには動かない。（動物か。ネコ……、ではないな。タヌキか。ずっと見ていたな。臭いでエサ（人の食べ物）を狙っていたのだろうか）。また、ある夜、投網をかついで河原を歩いていると、突如、何かがバサバサと草むらの中を走り、ザブン〜と音だけを残して川に消えていった。（河童？なわけないよな。カワウソ？もう絶滅している。大型のノネズミ？……）。また、かわいいところでは、ウサギは本当に月夜の晩には踊るらしい。庄川のサケの梁場で当直をしていた人の話では、電灯の下で長い時間ピョンピョンと、それこそ踊っていた野ウサギを見たことがあるという。

　また、漁師から聞いた話に面白いのがある。昔は神通川やその支流松川にもごく普通にカワウソがいたというから、かなり昔のことである。ある夜、修験者らしき者が土手を歩いていた。と、近くにいた女性を抱きかかえて走り出したという。それを見ていた漁師たちが「まてー」と全速力で追いかけたが、差は広がるばかりで追いつかなかったという。そういう話を聞くと、その抱きかかえられた女性はとびっきりの美人、を想像してしまうが、ほんとかなと、誰もが思う。が、２人の漁師に聞いた次の話は現実味を帯びてくる。

　ある夜、神通川のそばにあった内務省（というから戦前である）の小屋に、２人の川漁師が漁を終えて休んでいた。突然、そのうちの１人が金縛りにあったようになり、体は硬直し、上からは重いものがかぶさっている感じに襲われた。冷や汗はタラタラ流れるし、相棒に声を出して話しかけようとしても、声が出ない。しばらくして、何故かその金縛りは解けた。「○○さんよ、今、金縛りにおうたちゃ。ここはあかんちゃ。はよ、逃げんまいけ」と、ほうほうの体で逃げだしたそうである。で、漁師にその原因を聞くと、それはネズミだそうである。漁師は「ネズミにむされる」といい、時に体験したという。本当かなと思って、別の漁師に聞いてみると、そういうことはあって、その原因はやはり「ネズミ」なのだそうである。（ネズミにそういう能力があるのか。ネズミにさえ、そういう能力があるのなら、ましてやカワウソやキツネ、タヌキだったらもっとすごい力があるのではないか）と、人を化かすのもあながち嘘ではないのではないかと思った。しかし、カワウソも絶滅し、コンクリートの塊で覆われた殺伐とした今の河川では、そういう迷信的、オカルト的な雰囲気などはみじんも感じられなくなってしまって、残念な限りである。

魚の霊は存在するか？

「霊」という言葉を使うと、幽霊などを連想して、ちょっとへんな印象をもたれる方が多いかも知れない。しかし、川漁師に聞いても、昔（何故か昔だが）人魂を見たことがあるとか、幽霊らしきものをみたという人もおられる。

「ご先祖の霊を弔う」と言う言葉があるし、毎年お盆には多くの人が墓参りをすることからも、日本人（だけではないが）の奥底には、どこかで「霊」を信じ、敬っているところがあるのだろう。魚についても、県内では最近になって神通川、庄川、黒部川で相次いで元総理大臣などの直筆による「魚霊碑」が建立され、毎年「魚霊祭」が行われるようになったことは、極めて喜ばしいことである。川の場合は、海などでよく行われる「大漁祈願」ではなく、何故か「魚霊祭」である。いろいろと楽しまさせていただき、人間の食べ物となって犠牲になっていただいた魚の霊を慰めるということで、いささか人間の身勝手なような感もないではないが、ここはやはり心から魚の霊を弔ってあげたい。

　ところで、魚も幽霊となって化けて出てくる、あるいは魚の「たたり」があるのであろうか。昔からある湖や池、川で、特別大きな魚（コイやイワナ？）は、それはそこの主として畏れられ、たとえ釣（捕）れてたとしても、また放してやるものという風習（考え）があったと思われる。

　「平の小屋物語」（今西資博著、㈱法研）には佐伯（３代目）さんが子供の頃、父親が黒部湖で１mを越える巨大なイワナを釣って小屋の池に持ち帰ったが、祖父に「このイワナは黒部の主だ。そんなものを釣ってくるもんじゃない。早く返してこい」と叱られながらも、そのままにしていると、翌日からにわかに天候が悪化して集中豪雨が２週間も降り続き、黒部湖の水面が小屋の池近くまで達して、その主は黒部湖に帰っていったという話が出ている。

　また、「越の下草」（宮永正運著）には、杣たちが毒流しで魚をとる話をしていると、深夜に僧が現れ「毒流しは止めるように」と説教したが、杣たちは聞かずに翌日毒流しを行った。そして７、８尺もの大イワナが捕れたが、その胃袋から前夜僧に与えた団子が出てきたので、あの僧はイワナの化身だと分かって気味悪がった。そのうちの一人がそのイワナを食べたところ、高熱を発してもがき苦しんで死んだという。また、別の川では僧ではなく、ギャーギャー泣

いている赤子を抱いた女であって、同じように胃袋から前夜与えた小豆飯が出てくる話がある。これらは殺生を戒める仏教の教えからきた作り話と考えるのが普通であろうが、すべてが虚構かどうかは神にしか分からない。

　ところで、最近まで黒部湖で行っていた水産試験場の魚類生息調査で採捕したイワナから時に出てくるのは、団子や小豆飯ではなく、ペットボトルのキャップや銀紙などのたぐいである。時代が時代といえばそれまでだが、殺生を戒めるどころか、人間のマナーもここまで落ちたかという感がしないでもない。

川は甦る？

　「宇宙の存在に癒される生き方」（天野仁著、徳間書店）を読んでいると、この本を書いたのが本当に物理学者なのかと疑いたくなってくる。この本を読むと、科学と宗教の差がほとんどなくなったような錯覚さえ覚える。天野博士の理論によれば、すべての存在には「生気体」が重なって存在し、「生気体」には心も意思も記憶もあるという。そして、このことは物理学の最新理論である「超ひも理論」によって裏づけられるそうである。まさに、神は過去から現在、そして未来までも、また、枯れ葉ひとつ落ちるのさえもご存知である、ということになる。そして、もちろん川や地球は生きているということになる。

　イギリスの科学者にルパート・シェルドレイクという人がいる。彼の理論に「形成的因果作用の仮説」がある。いわゆるシェルドレイクの仮説である。それは、過去に起こったことは、そのこと自体が「形の場」を作り、一種の記憶のように時空に保存される。そして、自然はその「場」に共鳴して、いつか必ず同じことをこの時空に再現させるというものである（「なぜそれは起こるのか」喰代栄一、サンマーク出版）。自然には過去を再現する強烈な性質があることになる。

　ガラス窓に雨粒が当たる。水滴はまっすぐには流れ落ちない。砂山に水を流してみる。水はまっすぐには流れない。ひるがえって川をみてみる。ほんの少し前まで、気の遠くなるような悠久の時間、川は蛇行して流れていた。宇宙空間で安定した川の「形の場」とは蛇行する川ではなかろうか。それとも、両岸をコンクリートで固められ、直線化した川が新しい「場」にとって代わるのだろうか。

　平成11年９月末。毎秒千トンを軽く越える大濁流が続いた神通川にアユの調査に行った。いつ見ても神通川は雄大であった。その日、水は数百トンに落ちてはいたものの、それでも多く、強く濁っていた。竿をさしている漁師に「川がまた変わりましね。中州、ちょっと小さくなったがでないけ」と問うと、「ああ、そやな。流れ方は昔に戻ったな。中州はしばらくは消えんやろ。でも、あかんちゃ。水が出る毎に川が痩せていくちゃ。こんなことしとったら、いつまでアユがとれっか分からんちゃ」。その漁師は神通川の河口付近で今でも土砂採取が続いていることを嘆いている。水が出る毎にどこかの「けつがこけ」（淵尻の盛り上がった石・砂利が流れで下流へ持っていかれる）、川が平坦化していくという。「川が痩せる」。なんとうまく今の川をいい表した表現であろうか。年毎に川が痩せ、そしてアユが弱くなる。まるで、癌患者のように。

　川は生きているという。大自然の力は果てしなく強大である。今の山の状態では、たった１〜２日大雨が降れば、あっというまに川の警戒水位を越えてしまうほど川はすぐに増水してしまう。それがもし１カ月も降り続いたとしたら？このまま川の「形の場」をより不安定にさせ続けていると、どこかで川の怒りが「臨界点」に達し、大きな反作用が起こるような気がしないでもない。そうならないように、日々、水産関係者（だけではないが）は川が良くなるように努力を続け、また時にはそれこそ川の霊を慰める必要もあるかもしれないと思われるのだが、現状を見渡す限りでは、その「時」の到来はそう遠くないような気がするのは、少し疲れているせいだろうか。

内水面の漁法─サケ漁

（平成12年１月）

寂しい秋の川

　秋も深まった10月。川の中上流域では、アユの姿がほとんどみられなくなり、川底の石は暗くどんよりとしている。あの夏の輝きはもうどこにもみられない。河原に生えている草木も多くは枯れはじめている。時折、冷たい風が草木を揺らしていく。中下流域の産卵場近辺に集まったアユはほとんどが黒く

錆びており、かつての面影はない。好きな季節は？と問われれば、文句なく
「夏」と答えるだろう。どんなに暑くてもいい、ギラギラする暑さが連日続い
てもかまわない。ずーっと夏が続いて欲しい、いや四季の移り変わりなどなく
てもいい、夏が続いてくれ。何故ならずーっとアユ釣りができ、アユと戯れる
ことができるから。などとわがままを言ってもしようがないか。アユの釣り師
あるいは漁師は来年の解禁まで8カ月ほども待たなくてはならない。退屈で憂
鬱な日々が始まる秋の川ほどアユ師に寂しさを感じさせるものはない。

　ところで、平成11年10月中旬のある日、私はアユの産卵親魚の調査用のサン
プルを確保するために庄川の南郷大橋と中田橋の中間くらいの河原に立ってい
た。庄川は大雨の後遺症で、濁りが強く、水も高かった。9月中旬以降の大増
水ですっかり川は変わっていた。どこに深みがあるのか全く分からない。比較
的強い瀬の下にある蛇行部のところで、最初の網を打ってみた。と、すごい手
ごたえである。「サケだ」。とっさに、手縄を緩めた。網を破られては元も子も
ない。うまいぐあいにサケは逃げたようだ。そのサケを逃がした網に、力強く
逃げたサケとは対照的に、1匹の弱々しい錆びたアユが入っていた。今年は大
雨の影響で下流部にかけられる梁の設置が遅れたので、ここまでサケが上って
きているらしい。3〜4年前に放流（自然産卵）した稚魚が生まれた川に帰っ
てきているのだ。（そうか、これから2カ月近くは川はサケだな）と、アユの
投網を打ちながら、秋の川ではアユの投網を打つことさえ、場違い、いや、し
てはいけないことのように感じられた。

　実際、庄川だけでなくサケの遡上する川では10月以降にアユの投網は打ちに
くくなる。前述のように投網にサケがかぶる。網が破られるか、かかりがよく
て網が破られなくてもサケを陸にあげたく（れ）ない。何故なら、サケの密漁
者と間違われても困るからである。アユの投網でもサケは捕ろうと思えば捕れ
る。特に雌は捕りやすい。しかし、サケは禁断の魚である。一般の人は触れて
はいけないのだ。サケは「罪人」をつくりだす魚でもある。いったい何人の者
がこの誘惑に負け、罪人（前科者）になったことであろうか。

　水産試験場の仕事の一つに、富山県内水面漁業調整規則違反容疑で捕まった
人が所持していた魚の「鑑定」というのがある。水試で日常、警察と関係する
のはこの時だけである。持ち込まれた魚がサケあるいはアユであるか否かを鑑

定して、鑑定書を作成して、警察に送付しなくてはならない。私の担当はアユであるからいたって簡単であるが、サケ・マスは比較的難しい。普通の人には「そんなもん、見りゃ分かんにか。だれがどう見てもアユ（サケ）やにか」になるが、どうしてアユ（サケ）と決めれるのかを学問的に答えなくてはならない。アユは歯（櫛状歯）が決めてとなるのでいい。しかし、サケ属には数種がいて、特に産卵期以外は判断に困ることになる。まあ、捕れた場所が分かっているので、ほとんど問題はないが、もしその魚が、ギンザケやカラフトマスなどだったら、県の規則には規定がないので罪にならない。冤罪をつくる訳にはいかないので、鑑定には慎重にならざるを得ない。

　前置きが少し長くなったが、要するに昭和26年にできた水産資源保護法によって、サケは内水面では捕ることができなくなった。法律に基づいた県の規則には、ただし書きがあり、増殖に用いる場合などはこの限りではない、とある。この限りではないというのは、要は捕ってもいいということである。しかし、増殖用に限る（おそらく他県でも）となっているのに、本州の各地に伝統的なサケの漁法、あるいは特産としてのサケの加工品があるのだから不思議といえば不思議である。例えば、随分前だったが、東京の上野で見た三面川のサケの新巻の値段が1本1万円を超えていたので、たいへん驚いたことがある。これも増殖用に採捕したサケの特例なのだろうか。

押し網漁

　富山県には、押し網漁、流し網漁、オトリ漁、投網漁、梁漁のサケの漁法があるが、ここでは押し網漁とオトリ（投網）漁のみに簡単に触れることとし、流し網漁はマス流し（本書8頁〜）を参照され、梁漁は庄川の梁場へ行って現場を見られることをお勧めする。

　押し網漁は黒部川や小川など県東部の河川で、夜に行われている。弓状の竹を2本交差して、その竹の先に袋状になった網がついている押し網を持ち、漁師の後方でカンテラ（カーバイト使用）の光を照らし、光を嫌ったサケが漁師の前にできた影に逃げ込んだ所を、押し網で押さえてサケを捕る方法である。平成8年から10年まで黒部川でアユの降下仔魚調査を行っていたが、その調査の合間に、ジープから押し網漁の光を眺めさせていただいたが、尾を引きなが

らゆっくりと動いては止まり、又ゆっくりと動く光の軌跡は、幻想的であり、風のない秋の夜では優雅にさえ見えた。しかし、光だけを遠くから追っている限りではサケが捕れているのかいないのかよく分からなかった。

　なお、押し網漁の光は最近はカンテラではなく、その利便性からバッテリー式の電灯が多くなったそうである。ライトについては面白い？ことがあった。最初に黒部川でアユ仔魚の調査をした時は、下黒部橋の下流に入った。そこが川の断面が取りやすいと判断したからである。で、他の河川と同じ仕様で同じように川に入って仔魚の採集を行った。しばらくすると、橋の上で誰かが何か大声で叫んでいる。が、誰に対して言っているのかよく分からない。しばらくすると、その人はいなくなったので、全く気にも止めなかった。1回目の調査が終わったところで、黒部川内水面漁協に挨拶にいった。事務所内では何やら大きな声がしている。かまわず中に入って水産試験場がアユの降下仔魚の調査をしていることを告げると「もしかして、あんたらちけ。橋の下におったがちゃ」「ええ、そうですけど」「なんゆうとんがいね。今、橋の下でサケの密漁しとるもんおるいうて、警察にゆわなあかんいうて、やかましかったがいぜ」「えー、そんながけ。はーん、そっで、橋の上で誰か大きな声だしとったがけ」「そ、おわやぜ。試験場の人が調査しとっちゃ、なー知らんもんやから、てっきり、サケとっとんがかと思ったちゃ」。方言が分かりづらい方もおられようかと思うが、要は私たちがサケの密漁者と間違われたのである。橋の下流はサケの禁漁区ではあったが、もちろん、私たちは押し網はおろか、投網さえも持っていなかった。なのに密漁者と間違われた原因はヘッドライトにあった。庄川や神通川では何も言われなかったこのヘッドライトが、黒部川ではサケを捕っていることを意味するらしい。（後日談だが、同じようにサケの押し網漁が行なわれている小川では、アユの降下仔魚調査の際中にパトカーにお出ましいただいたこともある）。押し網漁のポイントはライトであることが、はからずもよく分かった。秋の夜の黒部川を意味もなくヘッドライトをつけて歩くことは、ゆめゆめよした方がよさそうである。

■ オトリ（投網）漁

　私自身は神通川でしか見たことがない。サケが産卵しそうな場所（湧水か伏

流水の出ているところ）を見つけて、そこをサケが産卵しやすいように大きな
石を除去したりして整地する。そして整地した箇所の上流部にオトリ（多くは
雄）を、一方を石か鉄筋、一方を口に紐をつけて泳がせておく。そして、オト
リの下流部には石か鉄筋でテグス（ナイロン糸）を結んで張っておき、一方を
河原に立てた小屋にある鈴に結んでおく。新たに遡上してきたサケがその整地
した箇所のテグスに触れると、鈴の音がなり、やおら小屋から出て、投網を
打ってサケを捕るという漁法である。神通川では伝統的に、あるいは話し合い
で、サケ漁（オトリ漁）を行える場所は、それぞれ漁業者ごとに決められてい
るようである。

　サケ漁が解禁？になると、神通川では有沢橋付近から上流の各所で、オトリ
小屋が立てられる。小春日和の暖かな秋晴の日、少し紅葉がかった河川敷に生
えている草木の中で、青く映える小屋は、一種のすがすがしさを感じさせてく
れる。こういう風景は、アユの季節が終わり、活力を失いかけていた川に、ま
た新たな躍動感を呼び起こしてくれる。だから、秋は神通川がいい（もちろん
夏は言うまでもないが）。疲れた精神を癒すには、秋は神通川に行って、風景
を楽しみながらのんびりサケ漁を見ているのが一番である。かなわぬ夢ではあ
るが、サケ漁に参加することができるのなら、なおさらのことだが。

　オトリ漁にも時代の流れは押し寄せてくる。「最近、なんか、神通川のオト
リ小屋の数、減らんだけ？」「ああ、そうやな。減ったかもしれんな。今じゃ、
何も無理して小屋建てんでも、いい車（４輪駆動）が増えたからな。今は、車
が多くなったちゃ」「ところで、オトリ小屋ちゃ、何で青いがけ？」「青い？そ
んなもん、あんまり意味なかろ。売ってるビニールシートの色が青が多いだけ
やちゃ」。また、小屋があってもオトリ（あるいは鈴の鳴る仕掛）を必ずしも
つけているわけではなく、特に中流域の伏流水の多く湧く、産卵の好条件の所
では、オトリなんかつける必要がないという。「今の時代にちゃ、いちいち鈴
の音なんか待っとったんじゃ、数とれんちゃ。いい場所やったらオトリはいら
ん。たとえ、オトリ泳がしておいても、その周辺をどんどん網打たなあかん」。
サケの遡上尾数の少なかった昔ならいざ知らず、富山漁協の人工孵化放流事業
の成功によって遡上数が飛躍的に増えた今日では、オトリ小屋でのんびり受動
的に待つよりも、能動的にいい場所を投網で打った方がはるかに数が捕れると

のことである。サケの遡上数が少なく、サケがマスよりも価値があった時代ならオトリ漁も重要な漁法であったろう。が、サケの遡上数が飛躍的に増加し、増殖事業用の採捕しか許されず、また雄のサケの価値がほとんどなくなった今日この頃の状況を考えると、オトリ漁も時代の波に呑まれて、投網漁にとって代わられていくような予感がする。

■　サケを我が袂に

今日、これほどまでに富山県の川にサケが増えたのは、内水面漁協の努力はもちろんだが、水産庁北海道さけ・ますふ化場（現さけ・ます資源管理センター）の功績のお陰であろう。私も行政に携わっていた時代から、長い間サケの増殖事業をはた目からではあるが見させていただいたが、その功績をどんなに誉め讃えても、過ぎるということはあるまい。栽培漁業の中ではサケは最も成功した魚種であろう。しかし、成功し過ぎたゆえに、つまりサケの遡上尾数が増えすぎた故に、もういいだろうということで、そこを撤退（縮小）しなければならないという現実は、技術者の悲しい宿命といえばそれまでだが、何か割り切れないものが残る。

最近の県内河川のサケの遡上尾数は、梁で一括採捕している庄川では３〜５万尾、個人の採捕に任せている神通川では１万尾前後、黒部川では約５千尾である。多くを放流に依存しているサケは、それほど河川環境の影響を受けない。一方、河川環境の影響を大きく受けるサクラマスは神通川で数千尾、庄川や黒部川では百尾にも満たない。それでいて、サケは増殖用の捕獲しか認められていないが、サクラマスは３河川とも漁業権魚種であり、神通川では多少のトラブルはあっても網漁と釣りが共存し、全国から釣り人が集まってきて、漁期の４〜５月には川は活気をみせている。この逆転はどう考えてもおかしい。渓流、マス、アユ。それぞれの解禁日によせる釣り人と漁師の想いと情熱にはすごいものがある。また、関連する経済も大きく動いている。サケだけが頑なにこれを拒んでいていいのであろうか。

全国内水面漁連の広報誌「ないすいめん」を読んでいても、毎回、何かが足りない、欠けているような気に襲われる。（何が足りないんだろう。そうだ。サケだ。サケだけが触れられていないんだ）。三面川ではサケの伝統的な漁法

と数多くのサケ料理が伝承されている。サケの里、新潟県村上市には立派な「イヨボヤ（サケ）会館」も建設され、サケに対する郷土の思いがひしひしと伝わってくる。アイヌではサケを「神の魚」という。神の魚をいつまでも「海」だけの漁獲による、単なるタンパク質の供給源ととらえているだけでいいのだろうか。学校での教材としてのサケ稚魚の飼育やサケ料理の伝承などにしても、今のままではどうしても無理があるのは否めない。

「カムバック　サーモン」という運動が一時盛んになったことがあった。おかげで、多くの川にサケが回帰したが、現象面のみをとらえたものだったので、実際に回帰してしまえば、その後の展開はしりすぼみにならざるを得なかったように思われる。今、本県（本州）の多くの川は、ダム建設、河川工事、砂利採取、カワウの飛来、冷水病の蔓延で、もう息も絶え絶えである。古来から本州では春はマス、夏はアユ、そして秋はサケというサイクルで漁業を営んできた。今でもそのサイクルが変わろうはずもない。なのに、現状のような不自然な状態をいつまで続けるというのであろうか。今や新たな世紀を向かえることだし、川が壊滅的な状態になる前に「文字どおり」「本当の意味で」サケを川に戻して（返して）やってほしい、川を愛する者の袂に帰してやって欲しいと切に思う。Come back salmon!!（サケよ、戻っておいで）

松宮義晴先生の死を悼む

（平成12年6月）

突然の死の知らせ

　平成12年4月8日の昼頃、前夜の富山水試の歓送迎会の酒がかなり残ったまま、朝5時半に起きて庄川へ漁協のブラックバスの駆除を見に行ってきた疲れで、2階の自室の布団でまどろんでいたところに電話が鳴った。「お父さん、試験場から電話」。浅い眠りでたわいもない夢を見ていた私は飛び起きた。（試験場から？）。休日に水試から電話がかかってくることで、いいことがあったためしはない。（何だろう）。嫌な予感が走った。慌てて電話に出ると、次長からの電話で、「昨日はお疲れさま。ところで、今、試験場に来てみると東大

の海洋研からファックスが入いっとって、松宮先生が亡くなられたそうだよ」「えー、松宮先生が亡くなられた！本当ですか？……」。私は呆然自失した。にわかには信じられなかった。

　今年の２月下旬、私はアユ増殖研究部会から東大のセミナーまで、火曜日の昼から金曜日の夕方まで東大の海洋研にいた。松宮先生とは水木金と一緒で、水木は夜の懇親会も同席している。会議での先生はとてもエネルギッシュで、昼休みや朝夕は、私のような水試の者から、大学の先生、民間の研究者、学生などがひっきりなしに先生の研究室に出入りしていた。私も少し教えてもらいたいことがあって、あらかじめアポイントをとってはいたが、来客が多く、10分ほどしか話す時間がなかったように思う。それほど先生は多忙を極めていた。しかし、その時をみる限りでは精力に溢れ、病に倒れる気配などは微塵も感じられなかった。

　水曜日の懇親会の席での先生との会話で論文の話になった時、「研究者は一生の中で寝食を忘れて研究に没頭しなければならない時期がある。私は睡眠時間３時間で半年ほど頑張った時期がある」と話され、暗に私にも頑張るようにと諭された。それを翌日の懇親会で豊橋科学技術大学の小出水さんに言うと、「へえ、松宮先生がそう言ってたの。睡眠時間３時間ね。先生はそれを40代にもやられて、一度倒れられたことがあるんだよなあ」と言われたが、かなり酔っていたにもかかわらず、何故かそのことが強く印象には残っていた。が、まさか再び倒れられるとは。それも、無情にも、二度と起きあがることなく。

■　アユ増殖研究部会

　私が松宮先生と初めて出会ったのは全国湖沼河川養殖研究会の下部組織であるアユ増殖研究部会であった。最初、私は何故アユ増殖研究部会が東大の海洋研で開催されるのか不思議でならなかった。（海洋研とアユがどう関係するのだろう）。しかし、その疑問はすぐに氷解した。私は部会に出て、誰が部会の核になっているかをすぐに悟った。そして、他の水試の友釣り仲間を介して、先生に紹介された。友釣り師どうしに難しい会話はいらなかった。少しの会話で、私たちはすぐに打ち解けた。私は先生の釣りの技量を理解し、また人柄に惹かれた。

　私はアユ増殖研究部会に計6回も出させていただいた。正直に言って、懇親会での釣り談義を除けば、発表時間が10分という時間の制約もあって、私の発表も含めて各県の発表の多くは中味が薄かった。会議の魅力はと言えば、やはり松宮先生の発表、いやその容姿と言葉であった。先生の比較的大柄な体、動きの多い講演、眼鏡の下での輝いた目、人なつっこく唾を飛ばしながらの気合いのこもった話し方。先生は短い持ち時間の中で多くのOHPを使い、できるだけ多くの言葉を、力強く発せられた。私のように頭の悪い者にとっては、資源解析（管理）などという分野は、ほとんど理解できない部分が多かったが、先生のいわんとする原則論、あるいは哲学に似たものには強く魅せられた。

　友釣りとドラゴンズ

　先生は、毎年、部会でその年の釣果と釣り始めからの累積の釣果を必ず言われた。私もそれを心待ちにしていた。先生の総釣果は1998年で9726尾になった。高校2年生から友釣りを始めて34年間の集積である。1万尾まであと274尾であった。1999年中には1万尾が達成されるのではという期待があったが、169尾まだ足りなかった。2000年には確実だろうというので、友釣りの仲間内では、達成の暁にはどんな記念品を送ろうかと言う話まで、さも当たり前のことのようになされていた。私自身も先生の1万尾達成はできれば神通川か庄川で、と、内心密かに思っていたくらいであった。

　先生の生涯釣果は9831尾。とてつもない釣果である。私の年平均釣果は約二、三百尾であるから、私の場合は1万尾釣るのに30〜50年かかる。それに仕事や天候などにより、毎年コンスタントに釣行できるとは限らない。ましてや、冷水病や河川環境の大きな変化などで、最近のアユは弱く、そしてオトリを追わないので、プロは別にして、研究者であって、かつ1万尾を釣るというのは、ほとんど不可能であろう。それも先生は近年は東京在住であった。先生が友釣り名人であったことに異論はあるまい。元岐阜水試場長の田代さんから聞いた先生の武勇伝の一つには、松宮先生が岐阜県の益田川で友釣りをされた時は、河原で寝泊まりして、1週間ほど釣りをされたという。友釣りにかける情熱には並々ならぬものがあったようである。

　松宮先生には平成8年に「資源管理」に関する講演を、富山県の海面と内水

面の漁業者・漁協関係者を広く集めた席で行っていただいたことがある。この場を借りて再度お礼を申し上げたい。その際、神通川と庄川で竿を出されたことがある。7月の上旬で水温が冷たく、またカワウが大挙して神通川に飛来し始めたことも重なって、神通川で2時間ほどオトリを泳がせられたが、先生にも私にも全く追いはなかった。切り替えの早い先生はすぐに庄川へ行くことを決意され、移動の車中で昼食を食べられ、庄川につくと早速竿を出された。庄川も水温が低く決して良い状態ではなかった。私は河原でおにぎりを食べながら先生の釣りを見ていた。

　先生は最初から1等級の場所、大アユが居付いている瀬の流心に竿を入れられた。（この水温ではどうかな）と思って見ていると、いきなり「田子さん掛かったよ」との声。みるみるうちに竿は大きく弓なりに曲がった。「た、田子さん、これは大きいよ、尺アユだよ」（尺アユ？ 昔の水量豊かな庄川ならともかく、この時期どころか、近年はシーズン通して、庄川で尺アユなど釣れたためしはないがな）。強い引きに耐えかねて少しずつ先生は下がりはじめておられたが、ついに「こ、これは、アユじゃないよ」といって、一気に下流に下がられた。その場にいた釣り人皆が緊張した。（なんだろう）。もう下がれないというぎりぎりのところまで来て魚が水面にその銀色の姿を現した。（マスだ！）。マスと分かると別の緊張感が走った。先生の使っておられた水中糸は0.25号である。果たしてうまく陸にあげれるか。しかし、そこは百戦錬磨の友釣り名人、うまく緩みに誘導して、とうとう釣り上げてしまわれた。体長約30cm、体重400〜500gはあろうかという見事に銀毛した立派なマス（ヤマメ？）であった。先生、私、そして周囲の釣り人の興奮さめやらないうちに、再び竿を出された先生は「田子さん、またかかったよ」といって、同じように2尾目のマスを釣り上げられた。周囲ではアユは全く釣れていない。

　これを見て私は（先生は川を見ただけでどこに魚がいるか分かっている。また、尺アユを何尾も釣られたことがある。そしてアユが釣れない時でもマスを釣るというのは、そういう一種の「雰囲気」「運」みたいなものを備えておられるな）と、思った。先生は友釣り名人であるだけでなく、もしかしたら川の精霊の加護を受けているのではないかとさえ思われた。先生は、いつも笑顔を絶やされない方であったが、その日の帰りの車中は特に機嫌がよかったように

思う。

　アユ増殖研究部会での松宮先生の釣果報告で、最近の釣果が伸びていないのが気がかりではあった。先生は名人である。急には技量が落ちるわけがない。釣果の伸び悩みは、つまり釣行回数の減少、ひいては先生の多忙さを意味している。もしかしたら、昨年の夏、全国的に友釣りが好調で、先生の釣行回数と釣果が増えていれば、今倒れられることはなかったのではないか、とさえ思っている。私も一昨年の冬はひどく体調を崩していた。その時、私の拙ない論文を松宮先生に差し上げたのだが、その際に私は昨夏の友釣りの釣行回数、釣果が少なかったことを嘆き、こんなつまらない論文よりも本当は「友釣りが人間の健康（精神衛生）に及ぼす影響」なる論文を書いてみたい、と愚痴ったことがあるが、おそらく先生は笑っておられたことだろう。

　また、先生は熱烈な中日ドラゴンズのファンでもあられた。富山のアルペンスタジアムでも中日―ヤクルト戦を観戦されたこともあるし、在京の中日戦の多くを見にいっておられたようである。確か球団関係者用のパスをもっておられたと記憶している。資料を送付していただいた際には必ずと言っていいほどドラゴンズ情報が添付されていた。昨年のドラドンズの優勝の際には、大変なお喜びようで、先生への手紙に祝勝に触れると、「ドラゴンズ優勝！うれしいと口に出すのも、うれしいと書くのも、もったいないほどうれしいです」と、私への葉書にも書いてくだされた。先生は超多忙の中で、友釣りと中日ドラゴンズへの応援によって、上手にストレスを解消されていたのかもしれない。

　大いなる損失

　松宮先生のご専門である海面漁業の資源解析・管理の業績については、私が述べる立場にはないので他の人にお任せすることとする。しかし、アユ漁業や河川環境などの内水面だけをみても先生の功績はとてつもなく大きい。先生はある年のアユ増殖研究部会の最後に各県の研究者に向かってこう言って励まされた。「皆さんが持っているデータはたいへん素晴らしく、また、貴重である。こういう閉鎖された会議だけで終わるのではなく、水産学会などで積極的に口頭発表し、可能な限り論文にして、社会（学問）に貢献するように」。これに刺激をうけた私を含めた一部の研究者は、口頭発表を行い、論文にしようとし

た。先生の死後もこの「意」は受け継がれ、多くの論文が書かれる（出る）も
のと確信している。

　松宮先生は細やかな神経をお持ちで、たいへんに気配りをされる方でもあっ
た。超多忙にもかかわらず先生は決して書類の添付文章（手紙）にワープロを
使われなかった。二十数通におよぶ手紙のすべてが鉛筆またはペンによる、個
性あふれた自筆の文章であった。また、こまめに文献、資料などを適宜送付し
ていただいた。論文（？）などの校閲は素早く、その往復にひと月とかかるこ
とはなかった。先生は河川環境（魚類の棲息環境）の変化をいかに科学的に、
数値でとらえるかにも情熱を注いでおられ、先の小出水さんとその手法を案出
された。また、「応用生態工学研究会」の水産サイドとして唯一の発起人でも
あられたし、今年２月のアユ増殖研究部会でも研究者による「友釣りとアユ資
源を考える会（仮称）」の結成を提唱されるなど、常に行動的であられた。

　私の研究分野はほとんど頭のいらない「生態」、先生は明晰な頭脳が必要な
「資源解析・管理」であったので、お互いに接点がなかったが、ただ抽象的に
いわれている河川環境の変化を何とかしてデータ化して表わしたい、また河川
環境の大きな変化に応じたアユの資源管理（漁業規制）を研究サイドから提案
したい、という２点で一致していた。それはとりもなおさず、高校２年の時か
ら35年間、全国の川を釣り歩かれ、その河川の変化を他の誰よりも身にしみて
認識しておられたからだろう。

　なるほど、松宮先生を凌ぐ資源解析の研究者は今後も出てくるであろう。ま
た、40年間友釣りをし、１万尾のアユを釣る研究者も出てくるにちがいない。
しかし、過去の、いや本来の川とはこういうものだということを知っている研
究者は、どうあがいても、もう出現のしようもない。先生はそれを知ってい
て、私の拙ない河川環境の論文まがいの報告をも、暖かくみられ、いつも力強
い励ましのお言葉をくださったのかもしれない。

　初めて河川環境に関する研究報告をまとめた時、富山水試のしかるべき人に
は、その欠点だけを強く指摘されてすごく意気消沈したものだった。だが、先
生は違った。科学論文として欠けている点にはこれこれがある。しかし、こう
いう論旨の報告を書いた人は初めてだと誉めてくださり、漁業にとっては極め
て重要なことで、また方向性も間違っていない。科学論文になるよう忍耐強く

頑張るように、と毎回のように励ましてくださった。悪戦苦闘して論文を書いている研究者にとっては、その言葉は砂漠のオアシスにも似たものだった。

　今でも、瞼を閉じると松宮先生のお姿をいとも簡単に思い浮かべることができる。生ある者にはいつかは必ず死が訪れる。美人や天才は薄命だという。松宮先生が天才であることに異論はないが、それにしても早すぎた死のように思われる。アユや河川にとっても、とてつもない宝物を失ったような気がする。これから、という時に神はなんと非情なことをなされるのだろう。松宮先生の死は、かえすがえすも残念でならない。

　所詮、人の一生などというものは、川面を流れるうたかたの泡のように、かくもはかないものなのだろうか。

「鮎の川一人一人の瀬の姿」

「友竿に暮天のひかり夏過ぎぬ」　　　　　　　　　　　　　　（松宮義晴）

内水面の漁法—友釣り漁①

（平成12年11月）

庄川で友釣りを始める

　私が友釣りを初めて行ったのは確か昭和61年頃の庄川。毛鉤で釣ったアユにやっとのことで鼻環を通し、そのために弱ってしまったアユを囮（オトリ）として毛鉤釣りの竿で引いたのを覚えている。見かねた父が友竿を買うのを勧め、最初に買った竿は長さ7.2m。当時はそれで十分だった。水中糸にオモリをかませ、オトリアユを沈ませる。少し竿を引く。と、ガツンとくる。友釣りとは、何と簡単で、また、楽しいものなのか、と爽やかな感動を覚えたものだった。また、友釣りは釣れていない時でも、常に生きた魚（アユ）を竿で操作していなくてはならない。これほど、常に神経を集中し、また生きた魚と常に一体でいられる（いなくてはならない）釣りは他にあるだろうか。友釣りの時間というのは、それこそアッという間に経過してしまう。

　元号が昭和であった頃までの庄川は、それこそアユ釣り（毛鉤釣り、友釣り）、特に初心者には天国のような川だったかもしれない。解禁日。朝早く起

きて川に行き、毛鉤釣りをする。ほとんど入れ掛かりで、昼近くまでには100尾程釣れる。やおら、その中で大きいアユをオトリにして、友釣りを行う。7.2mの竿に0.4号の水中糸、1.5号のハリスに、7.5号の4本イカリの仕掛で、ただアユをつけて、放せばよかった。すぐに、グルグル、ガツンである。引き抜きをしていても、数尾ほどどこかに（タモ網の中でなく、河原などに）飛ばしても全く気にならない。いい引き抜きの練習になった。それでも夕方までには40〜50尾はかたかった。今から思えば、瀬はガラガラ。早瀬も淵も多くあった。解禁日でなくてもオトリアユの用意にも苦労はしなかった。オトリアユは淵で簡単に毛鉤りで釣れた。友釣りでは10尾程連続の入れ掛かりも何度も経験した。もちろん、釣れているのは私だけではなかった。

　当時の解禁日。毛鉤釣りを一緒にしていた父が「おい、泰彦。川から西瓜のような臭いしてこんか」と言うので、心を集中すると、確かに川から西瓜というか、黄瓜というか、とにかく瓜のような香りが時折フワァーっと漂ってきた。「本当やね。なんか西瓜のような臭いすっね。これちゃ、アユの臭いやろか」。川からアユの香りが漂ってくる。本にはそのようなことが書かれてあるのを読んだことがあったが、実際に体験すると少し感動する。水中のアユの香りが、空気を伝わって周囲に漂う。いったいどれくらいのアユがここにいるんだ、と想像すると少し武者震いした。芳香性の強いアユは、すなわち海から上ってきたアユを意味している。現在では全く体験できなくなったことからも、当時の解禁日頃には、次から次へと海からのアユの大群が、さらに上流を目指して遡っていたのかもしれない。

友釣りの魅力

　ある年の6月下旬の庄川。アユの追いは良くなかった。何人もの人が釣っていたが、昼近くになると2、3人の人が釣れないといって川から上がってきた。その中の一人にかなり先輩の方がおられたが、その人は私に次のようにアユに対する想いを語ってくれた。「自分は70歳であるが、会社を退職して63歳から友釣りを始めた。高岡に住んでいるが、去年は神通川に44日、庄川に8日通った。釣りの日の朝は3時に起き、2食分の弁当と家族のご飯を用意した後、釣り場に行き、1日12時間釣る。数はそんなに釣れなくてもよく、適当にオトリ

が代わってくれる程度釣れればいい。神通川で釣り始めるのは7月中下旬から
で、それまでは庄川で釣ることが多い。神通川で釣るのはアユが大きいから
で、新保橋下流付近で釣ることが多い。12日間連続して釣り、1日休んでまた
8日間連続して釣ったこともある。それだけ通っていると川で会ったいろいろ
な人と友達になってしまう。県内、県外の人とも知合いが増え、仕掛や釣り方
も教えてもらうことも多い。そして彼らも、私と同じように一様にアユに対す
る熱い思いを語ってくれる。それほど、それほど友釣りは、アユは面白い」。

　（元）内水面漁場管理委員の岡部清治さんも友釣り歴は長く、自分で本も書
いておられるくらいアユに対する造詣が深いが、その岡部さんは夏になると
（今でも）ほとんど毎日のように友釣りをするために岐阜県の宮川まで通って
おられる。富山市内から宮川までは行くだけでも片道1時間はかかる。それを
ほとんど毎日、である。そして「友釣りでは毎回新しいことを発見する（つま
り、毎日アユを釣っていても、同じ様な釣れ方をする日はない、毎回アユの新
しい面をみつけるということ）」と言われる。岡部さんの情熱にも感心させら
れるが、一体アユの何が、岡部さんをしてそうさせるのだろうか。

　私にしてもそうである。雪の降りしきる冬にアユが川へ遡上してくる夢を何
度か見たことがある。目が醒めては「夢か」とため息をついたものである。解
禁日が近くなると釣具店には人が多く集まるようになり、皆どの仕掛で解禁を
向かえようかと思案に暮れる。解禁前夜の釣具店は異様な雰囲気に包まれる。
私も解禁前夜は眠りにつきづらくなる。こういうことは、小学校の遠足以来の
事である。アユは魔力をもつ魚と言った人もいるが、アユのいったいどこに、
釣り人をこうまで夢中にさせるものがあるのだろうか。

　特に初心者の頃は、もう友釣りがしたくて、うずうずする。アユの遡上や放
流が始まる。今年の友釣りの本が出ると、買ってきて読む。仕掛を揃えに、釣
具店に通う。自分独自の4本イカリを巻く。仕掛を作りながら、アユのことを
思う。早く友釣りがしたい。本には他県での解禁の様子が次々と載っている。
富山県の解禁は6月中〜下旬。何で富山県の解禁はこんなに遅いのだ、と嘆い
ても仕方がない。居ても立ってもおれなくなる。（そうだ、他県へ行けばいい
のだ）と、初心者の頃には富山県の解禁の前に（後にも）他県へ遠征したもの
だった。

他河川への釣行

【日野川】

　妻にはいいところへ連れて行ってあげるといって、6月初めに福井県の九頭龍川支流の日野川の特別解禁に行ったことがある。朝早く起きて、「富山―今庄」間の高速道路を軽四で飛ばして約2時間。遊漁券とオトリアユを5千円で買った。富山に帰ってからある人に「田子さん、ガソリン代と高速の料金と遊漁料入れたら、1匹いくらのアユになんがけ」と、さも不思議そうに問われても、笑ってごまかすしかない。アユとの戯れの時間はお金では計れない。それはさておき、オトリアユを手に入れてからも日野川に入る場所を探してあっちこっち見ているだけでも時間をくい、竿を出す頃は昼近くになった。場所は高速道路からでも見える右岸側が山で、水は崖に当たっている箇所。左岸側には河原が広がり、岸には木が繁っている。上下に良い瀬がある淵とその下流に続くトロであった。

　瀬の方がいいのだが、川に着いた時間が遅くて、トロにしか入れなかった。それでも釣り環境は最高だった。河原に立つと急いで仕掛を整え、（こんな人のいないトロ瀬で釣れるのだろうか？）という一抹の不安な気持ちに襲われながらも、そっとオトリアユを送りだした。と、すぐにガツンときた。さっきの不安はまさに杞憂だった。それからは忘我の時間だった。昼飯を食って、ちょっと釣ったと思ったらアッという間に夕方である。富山までは遠い。妻にもいつまでも待たせられない。4時半頃で竿を納め、釣果は二十数尾。時間当たり5尾ほどで、引き釣りだけの初心者にしては十分満足できる数である。

　帰りの車中、夕日に赤く染まった日野川を高速道路から眺めながら、何かありがたい気持ちに包まれた。スポーツなどの勝負事に勝った時のような高慢な気持ちではなく、誰かに、何かに感謝したくなるような、そんな感情に満たされていた。

【宮　川】

　富山市に10年ほど住んでいたので、岐阜県の宮川にも年券を買って3年ほど通いつめたことがある。富山市から1時間ほどで神通川と宮川の合流点に達し、そこから緑濃い谷間の細い道を抜けると杉原地内に出る。

　7月。ヒグラシの蟬時雨の中で竿を出す。宮川の流れは清く、岩は大きく、緑は深い。水量もほどほどある。宮川のアユは大きい。7月でも100g近くのアユがどんどん釣れる。岩場が多いので掛かった瞬間にオトリアユごと持っていかれることもままある。川の環境とアユに感動して（ダムのなかった頃は富山湾からここまでアユが遡上したんだな。いったいどんなアユだったんだろう）と、さらに想像をたくましくしてしまう。

　当時の宮川は釣り人も多かったが、それでも昼近くから夕方まででコンスタントに20〜30尾は釣れた。宮川村の人は親切な人が多く、幼い長女と妻を連れて行った時には、ある農家の人が気の毒がって、長女と妻を半日、家の縁側で寝かせていただいたこともある。こんな良い川を他人に紹介しないことは罪のように思え、兄にその良さを伝え、出不精な父を1度だけ無理矢理連れていった。今では年老い、足腰が弱り1人では川に立てなくなった父だが、当時はまだ頑強で、普段はめったに引き抜きをしないのに、宮川では特段大きな岩に上り、得意そうにいくつもの大アユを引き抜いていたのを、今でも鮮明に思い出すことができる。当時の宮川は私にとってまさに楽園に近いものだった。

【神通川】

　もちろん、神通川にも通った。ホームグラウンドは富山空港周辺。家から近かったので釣りは午後が多かった。庄川のアユを見慣れていた私は、初めて釣った神通川のアユの大きさに度肝を抜かれたものである。

　釣り初めで、まだ若かった頃。神通川右岸の空港側にはいいポイントがあった。しかし、そこは4駆の車しか行けず、当時ボロボロのスターレットに乗っていた私は、そのよいポイントに行きたいがために、アルミの枠に大きなリュックを入れて背負い、片手には竿ケース、もう片手には水とオトリアユでかなり重たくなったオトリ缶を持ち、熱く焼けた河原の石の上を汗だくになって、20分も30分も歩いたものだった。ジムニーを手にいれてしまったからでもないが、今の私にはそのような情熱と体力は、悲しいかな、もうほとんど失せている。

　そのポイントは午後からだけでも20〜30尾はコンスタントに釣れた。広大な河原に幅広い水面、かなりの水量、大きな石、荒い瀬と深い淵。神通川河口両岸に広がる広大な砂浜海岸で育った海産アユが大挙して遡る川。大きくて、引

き締まった見事な体型のアユ。あまりの川幅の広さに思わず10mの竿を買った
程である（後で後悔したが）。

　多くの川を見てきたが、とにかく当時の神通川はどの河川よりも優るとも劣
らない日本を代表する川であった。

【千曲川】

　長野県更埴市の千曲川のアユも大きかった。随分前の８月上旬頃の話で、上
山田温泉近くの友釣り専用区だったと思う。もちろん、家族旅行の合間にであ
る。当地の新聞には渇水と高水温のため千曲川のアユにはビブリオ病が発生し
ているという記事が載っていた。

　夕方近くに川に着き、オトリアユと遊漁券を買った。１時間位しか釣れなく
てもかまわない。日釣り券を買った。オトリアユを売っている店先で、「どこで
も釣れますか」と聞くと、「どこから来た？」「富山」「仕掛は？」「水中糸0.3号
（もちろんナイロン糸。当時はまだ金属糸は出ていなかった）、鉤は早ガケ7.5号
の４本イカリ」と答えると、「そんなんじゃ、千曲川のアユは釣れないよ」と一
蹴される。（やっぱりか）と思っても、庄川用の仕掛しか持ってきていない。

　確かに千曲川のオトリアユは大きかったが、オトリ屋周辺の川は平瀬が続い
ていて、水深は浅く、私でも川を横断できそうだった。（こんなところに、大
アユがいるのかな）と思いつつ、川に入り、そっとオトリアユを放した。私の
足元には大きなニゴイが来て、私が動かした石の裏の餌をしきりに食べてい
る。しばらくすると、グルグル、ガツン、ときた。柔らかい私の竿は弓なりに
曲がった。苦労して取り込んだアユは100g近い大アユだった。それから２尾、
３尾と入れ掛かりになった。そして、４匹目。掛かった巨アユの引きに耐えき
れず、とうとう糸が切れた。掛かりアユはオトリとともにどこかに消えてし
まった。（渇水でこれか。水量が多い年ならすごいだろうな）と思いつつ、少
し未練は残ったが、竿を収めた。

【長良川】

　長女がまだ幼い頃までのわが家の夏の家族旅行は、川の近辺であった（勝手
に私が決めていた）。家族旅行であるため、釣りの時間は長くて３時間。１時
間ということも多い。それでも日釣り券とオトリアユを買った。スキー場のよ
うに半日券とか２日券があればいいな、とは思ったが、時間をお金にはかえら

れない。

　郡上八幡は富山から比較的近く、よく行ったお気に入りの場所だった。釣り場所は長良川と支流吉田川の合流点付近。長良川は有名なので休日に、それも遅く川に着いたのではいい場所には入れない。釣れるアユの数は少なくても、それでも長良川の環境は抜群だったし、アユも大きかった。支流吉田川ではたいへんいい思いをしたこともある。

　初めて郡上八幡に行った時、入る場所がなく、しかたなく誰も入っていない広いトロ瀬に入ったことがあった。２時間余りオトリを泳がせても、エビ（掛け鉤が道糸またはオトリの頭部に掛かり、オトリがエビのように曲がること）に１回なっただけで、野アユは１尾もかからなかった。疲れを感じてボーとしていると、いつものように付近で待たせていた妻が何か叫んでいる。どうしたのかと岸に戻ると、妻の横には傘をかぶり、投げ網（富山のテンカラ網のようなもの）を持った人がいて、私を万サ（古田万吉さん―川漁師一筋で生きてこられた）に紹介してくれるという。狐につままれたように私は万サの元へ連れて行かれた。万サは齢80近くで、交通事故に遭遇してまだ日時が浅かったようだが、背筋はシャキと伸び、川漁師独特の日焼けした顔色に柔和な表情であったが、サングラスの下の眼光は鋭かった。万サの周囲には少し恐れ多くて近寄り難い雰囲気が漂い、まさに川の神様の化身のように見えた（写真）。万サはニコニコしながら言った。「ここ（吉田川との出会い―万サのご猟場）にはアユはたんとおるで。夏の終わり頃はもっとええんや。上から下がってきたアユがここにいっぺえたまりよるで」。万サは私の釣りのことには少しも触れず、ここにはアユがたくさんいること、秋口には上流から降ってきたアユがこの淵にたくさん溜まることを言葉短かに話した。後で傘を被った人が何故紹介してくれたのかと妻に聞くと、妻が富山ナンバーの軽四で大きな口を開けて寝ていたので哀れに思って声を掛けてくれたのではないかとのこと

長良川と吉田川の出会いで川の神様万サと肩を寄せる著者この時ある力が与えられた？

だったが、はっきりした理由は分からなかった。アユの研究者であっても（なくても）、川の神様とあがめられる川漁師に川でたまたま出会った人はそうはいまい。これは、わざわざ富山から来て、２時間余りも全く釣れない私を不憫に思った川の精霊が、背後でそういう出会いをなにげなくセットしてくれたのかもしれない。

内水面の漁法―友釣り漁②

（平成13年７月）

アユの異変

　平成４年８月３日。私は友釣りで有名な岐阜県馬瀬川の側にある、とある釣り宿に夕刻着いた。宿で、ある釣り客が私に大阪弁でまくしたてた。「こんなアホなことはあらへんで。今年の馬瀬は異常やで。いつもの年やったら40、50は釣れるのに、昨日といい、今日といい全然あきまへん。今日は０でっせ。お宅はん、あした竿、出さはるんか。５匹釣れれば、名人やわ。ほんまやで。５匹釣ったら名人といってあげるわ。わしはアホらしいてやっとれんから、明日、大阪に帰るわ」。釣り宿から川をみると、一本調子の長い瀬に一人だけ竿を出していた。その客はいつもならあそこで何尾、ここで何尾確実に釣れるのに、今年は何故かまったくダメだという。

　翌朝、岐阜水試に行って馬瀬川の状況を聞いたところ、水中の目視観察ではアユはいるんだけれど釣れていないという。漁協で遊漁券とオトリアユを買い、漁協前のガラガラの川に入った。見ると、黒々と光っている石が多くある。（いくらなんでも、これだけの場所が空いているのだから、５尾は釣れるだろう）と、オトリを泳がせたが、なかなか掛からない。いや野アユの追いがない。いつもより時間を延長して夕刻まで４、５時間釣り、掛けたアユはやっと５尾。追いがなく、「スレ」で掛かったアユを釣ったようなものである。（やっぱり、ダメか。川が、いや、アユがおかしくなったな）。この年を境に、全国的に「冷水病」がクローズアップされるようになった。

川の衰弱

　日野川の特別解禁日には4回行った。ある程度は釣れてそれなりに楽しかったが、周囲の釣り人の話も含め、初めて行った頃に比べ、行くごとに釣りの状況は悪くなっているように感じられた。特に上流にダムができてからは、何か川が変わったように感じられた。ある日、所用で京都（舞鶴）へ行く際に、今庄インターの手前で信じられない光景を見た。初めて行った日野川の、あの楽しかった釣り場の右岸側の山の崖側が、コンクリートの護岸で固められていたのである。（え、嘘だろう。なんで、山側を護岸で固めるのだ。いったい全体、治水上何の問題があるというのだ）。「日野川よ、おまえもか」と、呟かずにはおれなかった。

　ダムの上流に位置するため、すべてを放流に頼る宮川（岐阜県）にも、冷水病の魔の手が入り込んでいた。ある年の夏、雨上がりの日、久しぶりに宮川の状況を見に行った。宮川は近くの山にあるスキー場の造成工事の影響とかで、クリーム色に濁っていた。人伝えによると、そのシーズンはほとんどダメだったという。宮川にもかつての輝きはなくなっていた。少なくとも私には、もはや県外の河川へ行く魅力はなくなっていた。

　一方の庄川や神通川。長年の砂利採取や低水護岸の建設によるボデーブロウは確実にきいてきた。両川とも荒瀬と大きな淵は減り、川はやさしく、弱くなった。放流の多くを湖産に頼ってきたため、冷水病はたやすく侵入してきた。庄川や神通川では以前に比べ、確実に釣果は落ちた。おまけに、5、6年前からはカワウが大挙して富山県に飛来し、定住した。その数、数百から千を越えると推定されている。川は青色吐息で、川からは釣り人の数が減るはずだった。

神通川の異変

　ところがである。神通川の釣り人の数は、逆に増えていったのである。カワウの飛来と時期を同じくして、県外の群馬、長野、岐阜といったアユ釣りのメッカから、多くの釣り人が神通川へやって来るようになった。全国的に友釣りの不調が広がり、相対的に海産アユが多数遡上する神通川の価値が上がったのである。冷水病が蔓延した放流河川に見切りをつけた多くの釣り人が県外か

ら集まるようになり、夏の神通川には県外ナンバーの車が頻繁に見られるようになった。

　そして、平成12年。富山漁業協同組合は、増殖施設の新設（拡大）により、神通川のアユ放流種苗を、それまでの湖産アユへの70％の依存から、全部を地場系の人工産アユへと切り替えた。６月17日。富山県の解禁日。神通川での釣果が注目された。例年のように（例年は海産アユが大きくなる８月以降が好調になる）解禁日はよくないだろう（最近というより近年はずっとよくなかった）、という予想を裏切り、何と神通川ではいたるところで爆釣が起こったのである。爆釣（ばくちょう）、何と響きのいい言葉だろう。村田満氏が１日に155尾を釣ったのは別格としても、多くの釣り人が３桁を釣ったのである。釣り人や釣具店の情報だけでは心許ないが、親しくしている数人の漁業者も皆100尾前後釣ったというのだから、もう疑う余地はない。爆釣は次第に収まったが、それでも解禁から３日間位は好調が続いたようである。私自身も放流種苗は地場の海産系を、と主張してきただけに、ほっとひと安心であった。

　一方の庄川。解禁日、私は南郷大橋下流にあるその年では庄川で最も大きい淵で、友釣りではなく、毛鉤釣りをしていた。事前の遡上調査と放流種苗の状況から、庄川では友釣りでは釣れない、と判断しての十数年ぶりの解禁日の毛鉤釣りである。朝６時に現場に着き、竿を出した。庄川で最大の淵なのに数人しか釣り人がいなかった。（おかしいな）と思って近くの人に釣果をきいてみると、ほとんど釣れていないという。漁協の監視員の方が見に来られたが、全然ダメだと言う。いつもなら、夜明けから釣れ始めるのに。それでも、７時近くなって、ポツポツ釣れ出した、昼近くまでに60尾程釣った。しかし、釣れるアユは例年と違い皆大きいのである。釣れたアユの中に標識魚（鰭切除）がいたことからも、この場所に限っていえば、放流魚が多いなと思った。

　友釣りはというと、淵の上流にある瀬を注意深く見ていたが、３人の友釣り師が入れ替わり竿を出したが、誰の竿も曲がらなかった。午後からは友釣りをしようと思っていた私だが、周辺で全く釣れていないのと、昼前から雨が降ってきたこともあって、竿を収めた。帰りの道中、数キロ程の範囲の川を見ていったが、瀬はガラガラであった。５、６年前では有り得ない光景だった。後で数人の漁師の話を聞いても、特別な箇所を除けば、釣れた瀬でも10匹程釣る

と後が続かなかったようである。

冷水病の魔の手

　釣れる神通川と釣れない庄川。湖産神話が健在だった十数年前とは全くの逆転現象である。神通川は冷水病を克服したのか？神通川は全国の先駆けとなって、全国のアユ釣りのメッカたり得るのか？神通川の解禁日の好調は、そういう期待感さえ抱かせてくれた。

　しかし、網漁が解禁になった６月も終わりに近い日、親しくしている神通川下流域の漁師から電話が入った。「あ、どうですか。神通川は好調でしょう」「好調？どこが好調ながや。病気のアユがひどて、ひどて。どこ打っても口がおっかしいがやら、皮むけたがやら、血出とんがやらで、こんなアユじゃ商売にならんぞ。これちゃ、冷水病やらか」「え、そんなにひどいがですか」「ああ、今までで一番ひどいちゃ。嘘やおもうがなら、あんた、すぐ見に来られ」。私はすぐに神通川へ行った。その漁師に船頭をしてもらい、投網を打たせてもらった。捕れたアユをみて私は愕然とした。本当にひどかった。口のおかしいもの、胸鰭や腹鰭の付け根の出血、体表の出血・びらん、そして、潰瘍で大きく穴のあいたアユ。私はそこにアユの墓場を見るような思いがした。

　「田子さんよ、湖産アユの放流止めたら、冷水病は出んちゅうがでなかったがか」。複数の神通川の漁師にそう問われた。私は返答に窮した。私自身は一度もそのように言った覚えはないが、新しいアユの増殖場の整備に際して、新聞の報道等でも「冷水病対策」が前面に出ていたのは否定できない。「時すでに遅し」である。気がついたときには冷水病菌は、天然河川だけでなく、増殖場などあらゆるところに侵入していた。昨年初夏にはNHKの「クローズアップ現代」でも冷水病が取り上げられた。全国に冷水病は蔓延してしまったのである。(冷水病はアユ漁の息の根を止めるのか)。そういう不安さえ抱かされた。しかし、その後の増水で流されたのか死んだのか定かではないが、神通川では７月半ば頃にはすっかり病魚はとれなくなった。神通川は何ごともなかったかのように、いつもの川に戻った。

　ところで、いったい全体、こうなるまでしかるべき機関は何をしていたのだ、という疑問と憤りは漁協の組合員を含めた現場の一部の増殖関係者にはあ

る。例えば、昨年7月。私に電話がかかってきた。「どなたですか？あ、田子さん。どうですか、今年の富山の川は。昨年と同じように冷水病はでていませんか」「え、何の話ですか。冷水病？アユの冷水病ですか。え、去年、富山では全くでていない？部長、冗談はやめてくださいよ。ずうっと冷水病で、冷水病で、2、3年前からは特にひどいですよ。去年もひどくて、現場にいたたまれませんよ。神通川では今年湖産の放流を止めたのですが、それでもいっこうによくなりませんでした。何とかなりませんかね」「え、やっぱり富山もひどいんですか。しかし、去年富山では全く冷水病はみられなかったという報告を受けているんですけどね」「え、嘘でしょう」。電話の相手は中央水産研究所のS部長で、各県の状況を電話で確認しているとのことだった。本来なら、魚病担当者に電話が回るはずだったが、担当者が新人だったこともあって私に取り次がれたらしい。私は呆然とした。私自身は全国のアユの増殖担当者会議の度に冷水病の影響を訴えており、病気そのものもそうだが、追跡調査や飼育実験においても、冷水病が蔓延する以前のデータとは単純に比較することができなくなったのではないかと思っている。その時は少し憤慨したが、後で事情は分かった。詳しくは述べないが、また、こういうことは役所では（でなくても？）まま起こりうることで、「現場」と「魚病検査担当部門」あるいは「地方」と「中央」の情報伝達、意志疎通に多少の行き違いがあった、と言えばそれまでのことか。

　とにかく、本県でオトリ屋などからの魚病検査依頼でアユの冷水病が初めて確認されたのは平成8年、河川のアユから冷水病菌の遺伝子が初めて確認されたのは平成11年である（富山水試年報）。これが早いか遅いかは別にして、冷水病の影響は看過できない。アユはたくさんいても、アユがオトリを追わなくなる。つまり、外見はアユであっても釣り人にとってはアユでないアユが多く出現する。友釣りが消滅（？）する。冷水病は決して侮れない。

■　20世紀で友釣りは終焉するのか？

　神通川の「爆釣と病魚の山」。この相反する現象はいったい何なのだろうか。庄川の不調。もちろん、庄川でも病魚の発生はみられた。そして、神通川と同じように増水で消えていった。結果的に神通川アユ・マス増殖場では冷水病の

発生は防ぎきれず、神通川では冷水病が蔓延した。なのに何故神通川では近年稀にみる爆釣が解禁日に起こったのか。

　海産アユの遡上が良かったのか？ただでさえ、年毎に産卵期が遅れ、遡上時期が遅れているのに、とても6月17日までに縄張りを強く張るほどに成長が間に合ったとは思えない。庄川、神通川両川とも一昨year秋は、富山湾に流木被害をもたらした岐阜県の山間部を中心とする豪雨の影響で、9月中旬以降産卵期間を通して濁水が続いていた。アユの産卵・孵化に対する影響が懸念されていた。4〜5月のアユ遡上稚魚調査では、庄川は極めて悪く、神通川でも特別良い方ではなかった。ただ、神通川では琵琶湖の人工河川を模倣した、おそらく琵琶湖以外では初めての試みではないかと思われる神通川アユ・マス増殖場内の人工河川から数億に達すると推定される数のアユ仔魚が孵化し、富山湾に降海している。人工河川のおかげか？人工河川の効果は大きかったとしても、それでも6月17日に間に合うとは思えない。

　やはり、地場系の人工種苗が良かったのか？湖産との違いは？仔魚の期間を海水で飼育している。琵琶湖近辺の増殖場のように仔魚期に冷水病対策として高水温浴をしていない。しかし、人工種苗は昨年までも全体の3割程度は放流してきている。電照操作による早期採卵群（8月下旬）の大型放流が成功したのだろうか。なるほど、冷水病も何割かは出る。しかし、多くの強いアユも生存した、ということだろうか。いずれにせよ、解禁当初には縄張りを持つほどに成長したアユが神通川全川において、高密度に分布していたということである。

　前述のように神通川の漁業権を管理・行使する富山漁協は、増殖施設の新設に踏みきり、神通川のアユ放流種苗全部を地場系の人工産アユに切り替えた。また同増殖場内に人工河川を造成して、降下アユ仔魚の増産も図った。さらに、今年度も八尾町薄島にある既存のアユ増殖場の拡大に着手する予定である。結局、現在のような川では自ら努力するところでしかアユは釣れない、努力するところにしか海産アユは帰ってこないのではなかろうか。人間でもそうだが、努力した分だけ増え、何もしないでいると減る。そのような自助努力が常に求められようになったのかもしれない。

　全国内水面漁連広報誌「ないすいめん」に「琵琶湖産アユ種苗は変わったか」を連載された村上恭祥さんは、平成11年に松山市で開催されたある全国会議の

懇親会の席上で、湖産アユの変化に加えて、「今のように川が弱く、やさしく
なった現状では、友釣りはもうだめだろう」と発言されたのが、何故か今でも
強く記憶に残っている。村上さんの言わんとするところは、「確かに放流魚の
種苗性はある。しかし、冷水病の発病にしても、早瀬と大きな淵が交互に存在
する川らしい川ではほとんどみられないところもある。川が良ければ冷水病も
関係なく、アユもオトリを力強く追うが、逆に、弱くやさしい川ではいくら良
い種苗を放しても、冷水病が発生しやすく、友釣りも成り立たなくなる。そし
て、今ではほとんどの川がやさしくなってしまい、アユもやさしくなり、オト
リを追わなくなった」というような主旨だったと記憶している。

　村上さんの表現はまだやさしく、神通川の漁師は「川は痩せてきた」と表現
する。荒瀬と大きな淵がそれでもまだ他の河川よりは多い神通川でさえ、年々
川は痩せてきているという。平成12年に私が行った調査では、漁場範囲約20km
に最大水深２ｍ以上の淵は神通川では11箇所にしか存在せず、庄川ではわずか
に３箇所であった。大きな淵と早瀬が消失した庄川では、友釣りにふさわしい
瀬はめっきり少なくなり、また、まれにそういう場所があったとしてもそうい
う場所はすぐ人が入るので、ゆっくり昼近くに川に行くのを信条としている私
は、必然と人の入らない淵で竿を立ててアユを釣るのを余儀なくされるように
なってしまった。

　建設省（当時）の主催するある会議で小学校の先生が「海岸侵食は何故起こ
るのか」を小学生に分かりやすく説明して欲しいと質問したところ、建設省の
担当者は多少困ったような顔をして「海が欲しがる分がある」と答えられたの
が強く印象に残っている。「海が欲しがる分」。そうか毎年海には「海が欲しが
る分」をやらなくてはいけないのだ。どこからか？海岸と川からか。というこ
とはいずれ最下流に位置するダムから下流の砂利や土砂はなくなり、いつとは
言い切れないが、ダムから下流の現在のアユの漁場は平坦になるのだ。そし
て、建設省の担当者の説明のとおり、このままでは、確実にその日がやってく
る。そういう平瀬やチャラ瀬だけの川になったとしても、果たしてアユはオト
リを追うのだろうか。アユという種として存続しているのだろうか。

　平成12年のお盆頃の神通川。最上流部の大沢野大橋付近から中・下流部の有
沢橋付近まで友釣りの竿の放列が絶えることはなかった。一方の庄川。一部の

箇所を除けば竿はまばらで、一人も釣り人が入っていない瀬も多く見られた。こんなことは数年前には考えられないことだった。神通川のように水量が多く、荒瀬と大きな淵が存在し、海産アユが多数遡上してくる自然豊かな川だけが、21世紀にも末永く友釣りが存続できる「貴重な川」になるのかもしれない。

内水面の漁法―アユのドブ釣り漁①

（平成14年３月）

■ ドブ釣り（アユ）との出会い

　アユのドブ（毛鉤）釣りについては奥が深すぎるので、ずっと書くのをためらっていた。私のような若造には早すぎる。しかし、平成13年10月に千葉県小湊で開催された全内漁連主催の「カワウの食害問題」を論議する全国情報交換会議に出席して、地元千葉のある漁業者の「役人（役所）の対応は遅くてなまぬるい。そうこうしている間に漁業が倒れたらどうするのだ」という旨の発言（熱気）に圧倒されたのとドブ釣りの発祥の地は北陸の金沢であると主張される石川県内水面漁連副会長（輪島川漁協組合長）の山上さんと懇親会でアユと川のことを話させていただいているうちに気が変わってきた。（そうだな、川が変わりすぎてドブ釣りをする場所が、少なくとも庄川ではほとんどなくなってしまった。このままでは、ドブ釣りもいつまで継承されるかも分からないな）という思いに駆られ、意を決して書くことにした。

　私が初めてアユのドブ釣りをしたのは、昭和58年６月下旬の南郷大橋付近の庄川中流域であった。確たる動機はなかった。同年の４月に富山県に水産職として就職した私は県庁の水産漁港課に配属された。当時の同課ではアユの毛鉤釣りをする人が何人かいて、アユの解禁日が近くなるとアユの話題がよくでるようになった。そして、おまえもやってみないか、と誘われたのがきっかけである。新湊市にある射水平野の田園地帯の末端で育った私は、生家の横を小川が流れていたこともあり、物心ついた幼少の頃からフナやタナゴ、タニシをとり、フナやナマズを釣って育った。遊び場の多くは川であったため、何度も川に落ちては大人に助けられ、その度に母親にすごく叱られたのを覚えている。

小学校の中高学年からは海釣りをするようになったので、川釣りといえばフナ釣りしか浮かばなかった。

　初めて竿を持って立った庄川の清流は、私の川に対するイメージを一変させた。（こんなきれいな川が日本に、富山に存在したのか）。その時の仕掛は５ｍ程の海釣り用の竿に、200円ほどの超安物の「赤熊」と「赤熊中金」の２種類の毛鉤であった。職場の同僚から聞いた仕掛の仕様と竿の動かし方で、陸からアユを釣った。当時の川ではアユがよく川面の上を飛び跳ねた。夕方はもちろんだが、日中でもよく飛び跳ねた。それも川のいたるところで、である。飛び跳ねるアユを見ながら、見様見真似で竿を動かした。しばらくすると「ククー」と小気味の良い当たりとともに竿先が曲がった。最初の当たりではアユは掛からなかったが、その感触の鋭さに驚いた（こんな小さい魚なのになんという当たりだ）。何回目かの当たりで竿をおもいっきり上げ、アユを河原に引き抜いた。生まれて初めて実際に見た天然のアユはたとえようもなく綺麗だった。（日本にこんな素敵な魚がいたのか。それもこんな身近に）。その時はあまりに遅すぎたアユとの出会いを嘆く時間さえ惜しかった。その時からアユのドブ釣りに心底、夢中になった。

■　ドブ釣りにのめり込む

　ドブ釣り用のカーボンの竿を買う。胴長を買い、毛鉤入れ専用の「鉤箱」、ビクなどを揃える。「アユのドブ釣り」の類の本を買ってきて熟読する。「赤熊＝解禁当初によい」「青ライオン＝水が澄んでいる時、浅い場所によい」「暗烏＝深い場所によい」など、どの毛鉤がどういう時に使われるのかを一通り頭に入れる。あまりの面白さに、海辺で育ち、釣りと言えば海釣りしか頭になかった父をある時川に誘ってみた。嫌がった父だったが、１尾のアユを掛けた時から、アユの虜になった。当時はまだ仕事も忙しい父だったが、私と同じようにドブ釣りにのめり込んだ。二人で一緒に行くこともよくあり、これが互いの競争心（？）を煽り、余計にドブ釣りを研究したように思う。

　ドブ釣りを始めた若かりし頃の話である。朝まだ暗いうちに川へ行く。昼近くに一旦飯を食べに家に帰ってくる。ちょっと午睡して夕方からまた川へ行って日が暮れて暗くなるまでアユを釣る。身支度を急いでして車で帰っても、家

に着くのは夜の8時頃。これが夏の休日のパターンであった。1泊の立山登山からくたくたになって、夕方近くに家に帰ってくる。天気はいい。アユのことが頭に浮かぶ。少しは釣る時間があるかもしれない。そう思うと、居ても立ってもいられなくなり、川へ行く。川をみるなり、立山登山の疲れなどいっぺんに飛んでしまった。もちろん、庄川だけではあきたらず、神通川や黒部川、上市川へも遠征した。特に、神通川で掛かるアユの大きさには度肝を抜かれた。

　友釣りや投網などにより大きなアユを知るようになった今では、ドブ釣りを始めた当時に庄川で釣ったアユはかなり小さかった様な気がするが、少なくとも私にはアユの大きさなど少しも関係なかった。川に抱かれて、糸を垂れる。毛鉤の選定でアユと駆け引きをする。アユの竿への当たりの感触が残る。満足して家路につく。川にいるその時そのものが至福の時であったが、それから家でアユを塩焼きにして、ビールを飲む。このおいしさは格別であった。これに枝豆や冷奴、素麺などが加われば、本当に日本に生まれてよかったとつくづく実感した。

　むろん大豆などは外国にもあろう。しかし、世界でアユが生息しているのは日本を除けば朝鮮半島と中国のごく限られた地域である。日本の川魚の代表であるサケやマスも確かにおいしい。しかし、サケ・マスは外国でも多く漁獲され、日本に輸入される量も多い。大陸の川というのはテレビでしか見たことがないが、日本の川のイメージとはほど遠い。豊富な雨量、緑豊かな山々から溢れ出た水を集めた清冽な川。その清冽な川の石垢（藻類）を食べて育つアユ。そのアユを食べられるのは日本列島に住む者の特権に近い。そして、ドブ釣りは、友釣りとともに日本人が独自にあみだした漁法である。外国、特にサケ・マスが多くいる欧米では、フライフィッシングとして知られる毛鉤による伝統的な釣り方がある。しかし、アユのドブ釣りのような形態の釣り方は、少なくとも私の知る限りではないように思われる。世界で日本列島周辺にしかいない魚を日本人特有の繊細な釣り方で釣る。「ドブ釣り」とはもしかしたら繊細な日本人だけのために用意された、天からの贈り物なのかもしれない。

ドブ釣りのルーツは金沢

　ドブ釣りは江戸時代、徳川中期に金沢で始まったというのが有力である。ア

ユ釣りの本には「藩内の河川に姿を見せる、美しく香りのある魚を藩主の食膳に供するために、当時釣り方の定かでなかったこの魚を賞をもって競わせたという。この折り、一人の藩士が、魚が羽虫を捕食するのを見て、この羽虫に似せて毛鉤を作った。ドブ釣り発祥の有名な話として伝えられる」（斎藤紫江「ドブ釣りの起源と楽しみ・アユ─生態と釣法─」世界文化社、114〜115頁）とある。それも、前述の山上さんの説によれば、発祥の川は金沢市内の中心を流れる犀川ではなく、遊廓が近かった浅野川だろうとのことである。

　さすがに金沢はドブ釣り発祥の地だけあってか、今でもドブ釣りが盛んである。金沢市内のある釣具店を訪ねたところ、店には毛鉤が数多く置いてあった。しかし、石川県内には良い釣り場が少ないとのことで、庄川や神通川へ定期的にツアーを組んで、車を出しているとのことであった。そういえば、今はそれほどでもなくなったが、庄川でもドブ釣りの最盛期の頃には石川ナンバーの車を多く見かけたものである。

■　ドブ釣りのマナー？

　「大名釣り」という言葉がある。辞書にはでていないが、大名のようにぜいたくに、おおらかに釣る意味あいのようである。ドブ釣りでも加賀百万国の本元であった石川県で行われる釣りは「大名釣り」で、加賀藩の属国（？）であった富山県での釣りは「越中釣り」と揶揄される。加賀ではドブ釣りをしている一人一人の間隔が広くて、おおらかに釣りができるが、越中では一人一人の間隔が極めて狭く、芋の子を洗うような状態で釣りが行われる。なるほど、昭和60年頃に石川県の解禁日（富山県より数日早かった）の手取川にドブ釣りに行った時は、中流域の現場に着いたのは既に朝の９時頃であったが、比較的人の少ない場所に入ったせいもあるが、隣同士の人と竿が重なるどころか、悠々自適の釣りであった。しかし、それでも帰りの４時頃には小さいながらも３桁のアユを釣っていたので、非常に良い印象が残っている。

　一方、庄川や神通川のよいポイントでは人が集中する（もちろん石川県でも集中するだろう）。そして、ちょっと気がねをして隣の人と間をとっていると、その間に新たな人が入ってくる。気が強く、根性が悪い（？）人ほど、ずうずうしくその間に入ってくる。それも釣れているのを見て、その中に入ってくる

のである。友釣りでも最近は一人一瀬というわけにはいかなくなって、人気の
ポイントでは一人当たりの持ち場が極めて狭くはなったが、それでもドブ釣り
の「せこさ」には及ばない。先にドブ釣りは繊細な釣りと書いたが、ドブ釣り
のこういうせこいところが嫌いだ、という人は多い。普通のドブでも良いポイ
ントでは両隣の人と竿の上げ下げを同じ間隔にし、タイミングが違ってくると
隣の人が流し終わるまで竿を上げて待っていなくてはいけないことが頻繁に起
こる。私も昔はそういう中で釣ったが、今ではそういう所ではとても釣る気に
なれない。良いポイントから離れた場所で静かに釣る。もしくは、ドブでは一
般的に岸側が深くそこが良いポイントになることが多いので、最近の私はジム
ニーで河原を走り、中州側からのんびりと釣り糸を垂れることにしている。

　ところで、ドブ釣りには時に暗号（？）じみた言葉がよく飛び交う。同じ釣
り仲間だったらズバリ暗号が通用する。「赤のラメ入りの黄色いやつ」「この前
の黒」「長い名前のやつ」「あれ、そう、昨日の」などという言葉が飛び交う。
しかし、知らない人同士だと少し表現が違ってくる。その場所で一人だけよく
釣れる人がいたとする。見かねた近くの人が声をかける。「あんちゃん、よう
釣ってはっけど、どんな鉤使っとんがけ」。聞かれた釣り人は一瞬躊躇するが、
「赤っぽい鉤やわ」と答える。赤っぽい鉤といっても多くある。答にはなってい
ないように思えるが、これが本当なら誠意ある回答である。ドブ釣りの礼儀上、
一応の許される範囲である。各自は自分で赤系統の自信鉤を使えばよい。しか
し、中には単刀直入に「あんた使っとる鉤の名前ちゃ、何け」と聞く人もいる。
これが、ドブ釣りのマナーとして果たして許されるのか、と私は考える。釣り
人のマナーとしては逸脱しているのでないか、とも思う。聞かれた人も、ムッ
とする人も多く、（当たり鉤くらい自分で見つけろ）とでも言いたげである。そ
して、鉤の名前を言う人もいるがこれが果たして本当のことを言っているのか
というと、私は半分は嘘だと思う。側で聞いていても絶対に有り得ない鉤の名
前をいう人もいる。こういう私でも昔は、3回ほど他人から使っている鉤の名
を聞かれたことがある。鉤の名前を聞かれるということは、ある意味ではドブ
釣り人の冥利につきることなのかもしれない。しかし、私も聞かれた時には一
瞬ためらった。それでも私は正直に鉤の名前を言った方だと思う。聞いた相手
がその鉤を知らなければ、こういう鉤で元巻（主巻）には赤いラメが巻いてあ

ると言い、それでも納得しなければ、釣具店の名前さえ教えた。しかし、当時は若かったこともあり、教えていながらも（当たり鉤を自分で見つけるのがドブ釣りの楽しみじゃないか）などと、内心少し反発していたのも事実である。

■ リールの装着も金沢で発祥？

　庄川や神通川ではアユ竿にはリールが着いているのがごく当たり前である。リールで糸の長さを自由に調整できる。アユが釣れてもリールの糸の調整により、自然と糸が伸びて、釣れたアユは手元のビク近くにくるようになっている。ところが、昭和60数年頃のある年の夏、庄川の南郷大橋上流で不思議な釣り方をする人に出会った。

　その人は珍しく竹製の継ぎ竿を使っていた。今から思えば、すごく高価な竿だったと思う。その人はアユが掛かると手元に近い方の継ぎ竿から順に抜いていき、竿を短くしてアユをビクに収めていた。その人はアユを掛けるのはすごく上手だったが、1匹、1匹に継ぎ竿をはずすという動作を繰り返すのは、端から見ていても、どうもみても効率的には思えなかった。その場の余りの違和感にこの人はきっと地元の人ではないと思い、「どこから来られたんですか」と聞くと、県外からで、それも金沢からだという。（へー、金沢にはこんな釣り方をする人もいるんだ）と感心した。それ以降、金沢では城下町らしくそういうのんびりした釣り方をするもので、リールなどという代物を思いついたのは、きっとせこい越中の人に違いないと思いこんでいた。ところが、山上さんによるとリールの着用も、流れの強い石川県の手取川が最初らしい。釣りの本を読んで驚いたことには、実はその人の釣り方が正当で、どこの本にもリールを着けて釣ることは書いてなかった。ドブ釣りの釣り方にも関東釣り、土佐釣りなどがあり、そちらの釣り方のほうが一般的らしい。（えー、全国ではリールは一般に用いられていないのか。もしかして、ほとんどの竿にリールが着いているのは、庄川や神通川、それに石川県の河川の旧加賀藩だけなのだろうか）。後で山上さんに確認すると、石川県でも輪島川などの小さな川ではリールは用いないという。（そうか、旧加賀藩士の流れをくむ人たちは、北陸特有の急流河川に応じたドブ釣りを次々と工夫・改良していったのだな）と、伝統の力というものを感じざるを得なかった。

その人とは昼下がりから夕刻まで一緒だった。その人の魔力が私にも伝わったのか、夏の終わりの午後にしては珍しく、その人はもちろん、私までもがコンスタントに釣れ続けた。私には印象に残る極めて楽しい釣りだった。その人の顔は柔和そのもので、水の中、河原を歩く足どりは極めて軽かった。私には仙人のように思われたその人であったが、川でその姿を見ることは二度となかった。

毛鈎の名の由来

毛鈎の本家はもちろん加賀の「加賀鈎」である。しかし、石川釣りとして日本各地に広がったドブ釣りは、毛鈎のタイプにおいてもいわゆる「分家」を生んだ。土佐（高知県）や播州（兵庫県）でも毛鈎作りが行われるようになり、また、個人的な研究も盛んになり、加賀の「村田鈎」、伊予の「石埼鈎」、土佐の「福富鈎」などが出てくるようになった。もちろん、加賀では鈎の作り方のノウハウの流失には警戒していた。鈎の作り方をよそ者に教えることはご法度であったらしい。当時、輪島には「漆器」を求めて全国から人が来て、富山には全国への「売薬」を通じて、全国のアユの毛鈎が集まったという。最近の鈎では金玉に美しく光沢する貝の一部を入れたり（貝入り）、胴巻に赤、青、緑などのクリスマスツリーに多用される光の反射がきらびやかなラメが使用されることが多くなった。山上さんによると、昭和50年代頃に手取川で刺繍の糸が毛鈎に使われるようになり、それが次第にラメに代わったのではないか、とのことである。また、緑ラメは孔雀の、青ラメはカワセミの羽毛が手に入りにくくなったことの代用的な意味合いもあるらしい。とにかく最近の鈎には貝入り、ラメ入りが多用され、毛鈎の色彩は一段と多様化したように思われる。

ところで、鈎の名前の由来はとなると、動物の名、地名、人名、自然現象などが多いらしい。そして、山上さんによると毛鈎の名前の「五郎」、「お染」、「霧島」などは遊廓の芸鼓さんの名前であったらしい。昔は男女の中がおおらかで（？）、風流を解する人が多くて、遊女屋の窓から釣り糸を垂れたそうである。そして、毛鈎に巻く材料には芸鼓の腰巻きを使ったという。当時の高級な芸鼓の腰巻きは絹製だったという。赤やピンクの腰巻きの絹の糸を抜く。それを元巻（主巻）や蓑毛に使う。芸鼓の肌の温もりが染み着いた腰巻きの糸で作った鈎は相当効果があったに違いない。また、毛鈎に芸鼓の恥部の毛を使っ

たという話もあながち否定はしたくない。私も渓流釣りのテンカラの毛鉤は自分で作っている。アユの毛鉤も何本か自分で巻いたこともある。私だったらきっと使ったと思う。

　芸鼓の名前を仮に鮎姫としよう。暑い夏の夕暮れ時。浅野川の川際の、とある遊女屋の窓から、夕涼みを兼ねて糸を垂れる。川を流れるせせらぎは心地よく、額に当たる風はすがすがしい。部屋の風鈴が時折かすかに鳴る。もちろん、側には浴衣姿に団扇を持った鮎姫を抱いている。使っている毛鉤は鮎姫の腰巻きと毛で作ったもので名前もズバリ「鮎姫」。きらびやかな色彩と鮎姫のフェロモンに幻惑されたアユはイチコロで「鮎姫」に飛びつく。小気味の良い当たりとともにアユが川面を割って窓際に上がる。側で釣りの様子をじっと見つめていた鮎姫は釣れたアユを見て「わー、かわいい。でも、きれいね」と、子どものように無邪気に喜んでくれる。一瞬、加賀百万国の城下町の歴史を刻んだ浅野川が黄金色に輝く。夕映えと浅野川の川面の反射を浴びた鮎姫は、この世のものとも思えぬくらい美しい。

　そういう長閑な時代にそんな釣りをしてみたかったと思うのは私一人ではあるまい。現在では遊女屋というわけにはいかないが、北陸の川を毛鉤発祥の地にふさわしく、川際にある料亭や旅館の窓から釣り糸を垂れアユ釣りを楽しめる、そんなアユの多く釣れる川に復活させたい。千葉で山上さんと話をしているうちに、そういう激しい思いがこみ上げてきた。

内水面の漁法—アユのドブ釣り漁②

（平成14年9月）

■　ドブ釣りの繊細な合わせ

　アユの友釣りは魔性の釣りと言われることがある。いったん友釣りにのめり込むと、その楽しさ・魅力からから抜けでるのがとても難しい、という風に私は理解している。友釣りは仕掛の繊細さやさそい方の上手さなど、掛ける技術もさることながら、掛かった野アユとオトリアユの取り替えの手返しの早さ、丁寧な魚の扱いなど技術の差が端的に現れ、釣り場のポイント等の条件が同等

ならば、いつも必ずといっていいくらい技術の上の人の釣果が多くなる。そこが友釣りでは競技会が成立する由縁で、毎年多くの河川で競技会が開催され、プロ的な人も多く存在する。

しかし、ドブ釣りでは釣り場がドブ（淵）に限られること、淵でもよく釣れるポイントがあり、入った場所での釣果の差が大きいこと、いくら毛鉤を選定し、仕掛を繊細にしたとしても日中を通してコンスタントに釣れ続けないこと、季節的に盛夏は朝夕を除いて釣れにくくなることなどから、競技会としては成り立ちにくく、親睦の意味合いが強い釣り大会になるようである。

ただ、ドブ釣りでも、季節、天候、時間に見合った毛鉤の選択の他に、熟練してくると針合せが上手くなるのも事実である。友釣りを日中に橋の上から見ていると、野アユがオトリアユに攻撃して鉤に掛かかっても、実際に道糸に当たりが出るまでにはコンマ何秒か時間が遅れる。だから掛け鉤に魚体が触れても身をくねらせて鉤をはずすこともよくあり、これは当たりとして糸にでないので、釣り人に感じられないことも多い。この場合友釣りではほとんどどうしようもない。友釣りでは野アユを掛針にしっかり掛けさせる技術が求められる。

では、ドブ釣りではどうか。ドブ釣りにおいても友釣りと同じような現象がみられ、釣り竿（糸）に当たりが出ていなくても、毛鉤を追ったアユが、鉤を口にくわえて、また放す光景が、上から見ていると確認できる場合がある。竿に当たりがないのに、竿を上げてみたらアユが釣れた（ていた）という経験は多くのドブ釣り人の方が持っておられると思う。そう、ドブ釣りの場合はこの微妙な当たりを鉤合わせすることが可能なのである。

多くの釣り人には当たりとして感じられない当たりを、微妙な糸フケで合わせる。そのためにも、糸には目印を着けた方がいい。そして、目印は最近流行の水面に浮く玉の目印では感度が悪いので、友釣りのような軽くて見やすい糸的な目印が良いように思える。この微妙な当たりは夏の終わりから落ちアユ期にかけていっそう多くなり、かつて私は、この繊細極まる当たりがたまらなく好きで、11月上旬頃までも、黒く錆びつき、当たりの弱くなったアユとの駆け引きを楽しんだものである。

■　ドブ釣りは魔性の釣りを超えている!?

　しかし、である。ドブ釣りではその掛ける技術や好ポイントを度外視したことが、度々起こるのである。私の結婚当初の頃の話である。夏の夕暮れ時、少し時間が空いたので妻と一緒に庄川に行くことにした。中流域にあるドブには既に多くの人が入っていた。私は人の邪魔にならないように人の列の最後部付近の空いた所に入り、妻も釣ってみたいというので、妻にはさらに数十メートル下流の回りに人が誰もいない浅い所で短い竿を持たせた。使った毛鉤は2人とも神通川では馴染みがあったがおそらく庄川では当時は初めてではないかと思われた元巻が赤のラメである「神通桜」であった。川に入った時には回りの人には釣れていなかった。私は、（どうかな）と思いつつ竿を入れたところすぐに当たりが来て、大型のアユが掛かった。しめしめとアユの強い引きを楽しんでいると、何か下流の方から私を呼ぶ声がする。見ると妻にも掛かったらしい。慌てて自分のを引き抜き、妻の方へ走って行って竿を上げるのを手伝ってやる。妻に掛かったアユも大きい。全長で18cm位あった。「初めてのおまえにもこんな大きなアユが釣れるとは。ビギナーズラックと言う言葉は本当にあるんだ」とからかって元の場所に戻った。と、今度は私が竿を出すか出さないうちにまた私を呼んでいる。また掛かったらしい。同じように戻り、竿を上げてやると今度のも大きい。（2度あることは3度あるのかな）と思いながら元の場所に戻ろうとすると、今度は歩いているうちに声が掛かった。（またか）。私はもう自分の場所に戻るのを止め、妻の側で見ていることにした。妻の竿にはまた当たりがきている。上流に入っている釣り人達も不思議そうにこちらの様子を眺めている。（鉤か？やっぱりこれは鉤しかないな。こんなことがやはりあるんだ）。妻は手が震えるといって5、6匹釣って止めてしまった。その後は私が代わり小一時間に20尾ほど釣って、その供宴は終わった。帰りの車の中、釣りにさほどの興味を示さない妻はアユが釣れたことなど、もうどうでもいい顔をしている。しかし、私には不思議だった。（妻は生まれて初めてドブ釣りをしたのである。初めて毛鉤のついた竿を持ったのである。竿の動かし方も何もない。何もしないうちにアユが掛かったのだ。ビギナーズラックをはるかに超えている。本当に鉤なのか？それとも天のいたずらなのか。それともド

ブ釣りは魔性の釣りを超えているのだろうか)。そういう思いが浮かんでは消えていった。

　もちろん、この時の釣りは例外的ではある。つけ加えるなら、同じ場所での次の釣行に「神通桜」を使ってもほとんど当たらなかった。が、多くの人は同じ様な経験をお持ちであろう。また、辺りが真っ暗になったのでもう帰ろうと思いこれが最後だと着けた「暗烏」にアユが入れ掛かりになったことがある（真っ暗なのにアユが何故鉤をくわえるんだ。アユには鉤が見えるのか？)。さらに、日中のささ濁りの時であったと思う。どの鉤をつけても、また回り中のどの釣り人にもアユが掛かりまくったことがある。そういう、狂い喰いに当たることが年に１、２回はあるらしい。また、１つの鉤にアユが掛かりすぎて、鉤の上部についている金玉がとれても、ミノ毛や主巻きがボロボロになってもその鉤にアユが掛かる時もある。そういう時には、本当にアユは鉤を目で識別しているのかと疑いたくなる。光とか形とか餌とかでなく、何か別のものとしてアユは鉤を認識しているのではないだろうかとさえ、つい思いたくなる。

　アユの毛鉤には2000を超える種類があると言われている。普通の人でも10〜30種は持っていよう。その中から当日使う鉤を選ばなくてはならない。私も往時は30種くらい鉤を集め持っていたが、１回に使う鉤は３、４種で、どうしても過去に釣れた鉤に固執してしまった。だからほとんど使わない鉤も多かった。毛鉤の選定が奥が深いといわれる由縁ではあるが、釣り人はどうしても過去に実績のあった鉤、自分の好きな鉤にこだわるような気がする。実際問題として、客観的にアユが好んで飛びつく鉤ではなく、釣り人が「この鉤は釣れる」と信念を持った鉤が実際に釣れるような気がして、心理的な要素というか、「念力」という言葉が許されるなら、そういう要素も大きいように思われる。

■　若きドブ釣り人に期待

　最近開催されたアユの増殖担当者が集まる全国会議の席上、ある内陸県の担当者が「最近、若い人が友釣りをやらなくなり、友釣りを行う人が高齢化した。後継者の確保の面でもゆゆしき問題と捉えている」と、会議内容とは直接関係なかったが、そのような発言をされたのが印象に残っている。最近の若い人は、ルアーやフライフィッシング、あるいはバス釣りに流れているらしい。

本県でも詳しくは調べていないが、現場で見ている限りでは、同様な傾向がみられるように思う。

　しかし、若い人も居ないわけではない。頼んで置いたOHPをある写真屋へ取りに行ったときのことである。写真屋の若主人が「もしかして、田子さんですか」「ええ、そうですけど」「この前新聞で見ましたけど、田子さんてアユの研究をしているんですよね」「まあ、一応、そういうことになってますけど」「じゃー、ちょっとアユのこと聞いていいですか」「まあ、いいですけど」。といって始まったアユの話というのは、アユのドブ釣りのことであった。一般の人はアユの研究者はアユのことについて何でも知っているように思いがちだが、事実はまったく違っていて、アユの研究者が釣り、特にドブ釣りの疑問に答えられるとは到底思えない。私が若主人とそれなりに応対できたのも、私のドブ釣りの経験があったからに過ぎない。若主人は極めて研究熱心で、また博識であった。主に神通川のドブ釣りのことであったが、どこそこでは○○と○○の鉤がいい、なになにでは石の色が白っぽいから□□と□□の鉤がいい、下流の△△では水深が深いので◇◇と◇◇の鉤がいい、などと実に論理的なのだ。私は感心して聞いていた。私自身は最初に聞かれた「何故、アユは毛鉤で釣れるんですか」という質問にさえ明確に答られなかった。若主人に「水槽にアユを入れて、どの毛鉤がどんな時によく釣れるのか実験すれば、データとして出せるんじゃないですか」と素直に聞かれれば、「それは、そうですね」と答えざるを得ないが、私は今でも何故アユが毛鉤に食いつくのかよく分からないし、少なくともドブ釣りに関してはストレスのかかった水槽実験のデータはあまり参考にならないのではと思っている。途中で老主人が「おい、田子さんは忙しいのだから、もういい加減にしとけ」と水を差しても、若主人の口は止まらなかった。私はといえば、自分の若い頃をみているようでとてもうれしかった。「ところで、ドブ釣りを始められてから何年ですか」と聞くと、「３年ですけど」との答。情熱というのは始めたころが一番あるものだが、３年も真剣にドブ釣りをやっていれば、そこそこの技術と感は蓄積できる。若主人とは小一時間ほど話をさせていただいたが、私は次の用事を抱えていたので、ある時点で話を打ち切らざるを得なかった。若主人はまだまだ話し足りないような様子だった。（この人のように情熱のある若い人がもっとドブ釣りをやるよう

になってくれれば、川にはドブ（淵）が必要なんだということが自然と理解されるようになり、川の将来も明るいのだが）と、私は少し後ろ髪を引かれる思いと若い人への期待感を抱きながら、その写真屋を後にした。

■　アユは何故毛鉤に食いつくのか？

ところで、何故アユは毛鉤に食いつくのだろうか？アユの形態、特に歯の形成についていえば、アユは全長約７cmになると、それまで海で動物プランクトンを食べるのに適していた歯（円錐歯）が抜け落ち、代わって石の表面の藻類を食べるのに適した櫛状歯が形成される。だから、アユとしては石垢をはんでいればいいのである。釣りの本には毛鉤が空中を飛ぶ羽虫や水生昆虫に似せて作られたとあるが、私にはにわかには信じられない。ドブ釣りでは川が違うと同じ具合には釣果が出ない。庄川、神通川、黒部川では使われる鉤の名前（種類）は全然違う。河床の石の色、水の濁り具合、水温、流速、周囲の木々の存在などが影響するといわれる。しかし、水生昆虫のカゲロウなどの形はどこの川でも同じ種なら同じである。いくら背景の河床などの色が違ったところで毛鉤の微妙な違いを識別できるアユがカゲロウを見間違うはずがない。もちろん、アユの研究者の末端を担う私は、夕方近くに自分で釣った数十尾ほどのアユの胃の中を調べたことがある。その中にはコカゲロウなどの水生昆虫が入っている個体が多く存在した。（確かに、アユが水生昆虫を食べているのは事実のようだ。しかし、一様に小さいのは何故だ？時期的、時間的なものか？それとも石垢をはんだ時に一緒に口に入っているのに過ぎないのだろうか）。

「餌」としてだけ毛鉤に食いつくという説には全く心がひかれない。カゲロウなどの水生昆虫に似た鉤は、アユの毛鉤よりもイワナ、ヤマメなどのフライフィッシングのフライの方がはるかに似ている。そもそも、アユの毛鉤にはなんのためにすべての鉤に金玉がついているのだ。ヤマメ（サクラマス幼魚）が流れてくる餌を食べるに当たっては、どの餌を食べてどの餌を食べないなどということがない、つまり食べる餌には選択性がないことが明らかになっている。（そりゃ、そうだろう。ただでさえ、餌の少ない川で、形で餌を選んでいては、他との競争に負けてしまう）とつい思ってしまう。藻類ばかり食べているアユでは、たまに蛋白系の食べ物が必要で、それで川虫を食べるという人も

いる。ならば、ヤマメのように選択性なく毛鈎に飛びつくはずである。本当に
川虫が体に必要なら毛鈎のラメが赤か青の差で食べるのを躊躇していては、自
然界では生きて行けないはずである。だが、アユは毛鈎を選択する。それも極
めて繊細かつ微妙な違いを認識して。友釣りをしているとアユが水面上近くの
目印によく飛びつくのが経験できる。これはどうみてもアユの「遊び心」とし
か、私には思えない。春に河川へ遡上したサクラマスはほとんど餌を食べない
で秋の産卵期まで大きな淵に潜んでいるが、そのサクラマスもルアーには反応
し、ルアーで釣れる。これも「誘惑」、「幻惑」「かみつき行動」などと説明さ
れているが、真実は分からない。私はアユが毛鈎に食いつくのは「遊び心」と
理解しているが、本当はもっと説明できない別の要因なのかもしれない。

■　種苗生産の親アユにはドブ釣りや友釣りで釣ったアユを！

　サクラマスなどでは親を人為的に選択することによって、大きな子や小さな
子を作れることが明らかになっている。これは人間にも言えることで、つまり、
大きな親の子は大きいのだ。このことはアユの毛鈎への反応性にも言えると思
う。毎年毎年、ドブ釣りによって自然界においても人為的な選択が行われてい
る。人工種苗に用いている親だけでなく、天然の川においても毎年産卵期まで
に残るのは、毛鈎にも反応を示さず、オトリも追わず、網から上手に逃げたア
ユだけであって、それらで世代交代が行われている。こんな世代交代が幾十年
も続けば、普通の人が考えても何らかの影響が子孫にでてもおかしくないとい
うものではなかろうか。たとえば、アユの解禁当初は比較的どの鈎でも釣れる
のが、次第に釣れにくくなるのも、体の成長や水温の変化などの他に、そうい
う毛鈎への反応性が高いアユが釣られてしまう影響もあるのではないかと私は
考えている。そして、毎年、ドブ釣りに使う毛鈎にも前年とは微妙な変化をつ
けた鈎でないと釣れなくなるのは、前の年にその鈎に反応したアユが人為的に
淘汰されてしまうためではなかろうかと、私にはそう思えてしかたがない。

　釣り人のことを考えるなら、いや網漁を行う人にとってもいいことだと思う
が、アユの種苗生産に用いる親には、解禁当初にドブ釣りや友釣りで釣ったア
ユを用いるべきだと、冗談ではなく、心底私はそう思っている。解禁日に真っ
先に毛鈎に食らいつき、竿先をギューギュー水面下に絞りこむアユ、オトリを

放すとすぐにオトリに体当たりして、道糸の目印をふっ飛ばしてくれるアユ、そういうアユだけを採集して種苗生産の親にすれば、入れ食い、入れ掛かりが続出し、人工産種苗の評価も極めて高くなるのではないかと常日頃思っているが、それは単にアユ釣りをもっと楽しみたいと思っている私の、はかない煩悩の一つに過ぎないのであろうか。

「アユの川」はいずこに

台風襲来

　平成14年7月10日午後4時。私は中田橋上流の土手に止めた車の中で呆然と庄川の濁流を眺めていた。解禁以来唯一ドブ釣りで賑わいを見せていた橋下の深みも跡形も見えない。突然、携帯電話がけたたましく鳴った。「田子さん、今どこですか」「庄川」「さっきの電話で100トンの水や言いましたけど、どうですかね、川の水は」「100トン？これが100トンの水か。川一面隙間なく濁流やぜ。1000トンはあるやろ」「朝9時には関電から100トンという連絡が入って、それ以降は何も関電から連絡がないんです。で、今さっき確認したら960トン出ているということでした。すんません。連絡が遅れまして」。

　昨夜から台風6号の影響を受けて雨足が激しくなっていた。お昼のニュースでは、岐阜県地方の大雨と浸水、そして長良川の濁流を放映していた。朝、神通川、常願寺川の濁流を見ていた私は無理だとは思っていたが、庄川はどうだろうかと漁協に電話をいれた。そうすると、予想に反して100トンで、アユ投網漁の絶好のチャンスだという。アユの解禁以来、庄川や神通川は不調をかこっていた。私の冷凍庫もガラガラである。（この機を逃す手はない）と急きょ休暇をとり、庄川に来ていたのであった。

　もちろん、網を打てる状況でない。普通の濁水なら多く出る川舟も一艘も出ていない。私は濁流を眺めながら、（これで冷水病のアユは消えるな。しかし、天然のアユは果たして残れるだろうか。この水では当分濁りがひかないな。今年の庄川はもう終わったようなものだな）と思った。解禁以来、垢腐れが目立ち、友釣りの大不調にあえいでいた庄川や神通川の漁協では（川漁師も）、密

かに出水を待ち望んでいた。出水が病気のアユと腐った石垢を一掃してくれることを期待していた。この濁流で漁協の人達は喜んだかも知れない。これで放流魚に対する不満は出なくなるだろう。

　だが、私にすれば、これは期待以上の大出水だった。私はこれでますます「アユの川」が死に体に近づいていくのを感じていた。いくら大増水して濁流になったとしても、ダムから下流へはほとんど石は流れてこない。しかし、海へは「海の欲しがる分」の大量の石や砂利が流れていき、海底に消える。結果として、最下流に位置するダムから下流にあるアユの漁場からは、出水ごとに大量の石や砂利が消え、河床は平坦化する。これを繰り返せば、もはや「アユの川」は川とは呼ばれなくなり、「水路」と称されるのも時間の問題のような気がする。しばらくの間、私は濁流に目をやりながら、川の変貌に思いを馳せていた。

■ 川の激変

　ところで、庄川は「アユの川」であった。明治18年に書かれた「越中遊覧志」には庄川のアユについて「なかんずく香魚を名産とし」とあり、また庄川上流の白川村の村史には「庄川の鮎も天下一品、清流を遡るので頭が小さく肉が引きしまって非常に美味である。長良川の鮎とは比べものにならぬ程優れ、お国自慢の一つであった」とあるから、やはり昔の庄川にはアユが満ち溢れ、そして美味であったのであろう。また、上田千之さん（庄川沿岸漁連役員：庄川町在住）が戦前から現在にかけて、庄川と庄川のアユを題材にしながら、それを取りまく人々の人間模様を描いた「アユの川」（近代文芸社）という貴重な本がある。それを読むと、人間の都合で庄川がいかに大きく変わったかがよく分かる。

　小牧ダムを初めとするいくつかの大きなダムが建設され、アユの遡上範囲は激減した。私が国土地理院の地図を元に調べたところでは、庄川水系の最初のダムである小牧ダム（1930年完成）によって、庄川水系のアユやサクラマスの遡上範囲は、一挙にそれ以前の13.3％に激減している。そして庄川合口ダム（1939年）で12.5％に、和田川ダム（1968年）で9.2％にさらに減少している。しかし、小牧ダムや庄川合口ダムができてもアユは小さくなったものの、それ

でも数は多かったらしい。「アユの川」には、合口ダムが発電調整用のゲートを下ろすと、すぐ下流の河原に多くのアユが跳ねて、それを近くの料理旅館の仲居さんたちが捕まえる話がでている。そして、料理旅館主人の「あれがアユの挽歌だ。昭和40年頃のことや。あれからもうアユが湧くことはなくなった」と続いている。その理由として主人は、1961年に庄川上流で完成した御母衣ダムをあげている。小牧ダムの10倍近くを誇る貯水量が庄川の水の流れの根本を変えてしまったというのだ。御母衣ダムの完成によって流量が安定した（？）ことにより、「県営庄川水系和田川開発計画」が生まれる。主に農工業用の利水ために建設された和田川ダムに、庄川合口ダムで取水された多量の水が流れることになり、庄川本流のアユ漁場の水量は激減した。それ以降、庄川本流のアユ漁場の水量は支流和田川の約6分の1という、信じられない状況に陥っている。庄川のアユは小さく、弱く、そして少なくなった。庄川でアユを捕っている最近の人が体長15、16cmのアユを大きいと喜んでいるのを見て、昔のアユをよく知っておられる上田さんたちの心境はいかようなものなのだろう。

川とアユの衰弱

　庄川でいえば上記の変化はまさに激変であったろう。しかし、激変は必ずしも衰弱をもたらすとは限らない。激変だけで終わっていれば、私は何も庄川のことを日々憂れうることはなかったのである。私が庄川でアユ釣りを始めたのは昭和58年だから、少なくとも昭和の年代までは、少なくとも昔の庄川を知らなかった私には、庄川はとても素晴らしい川であった。小さな深みならいた

るところにあり、アユは日中でもよく跳ねた。毛鉤釣りでも友釣りでもアユはよく釣れた。大きな淵も、荒瀬もまだ多くあり、大きな淵では無数のアユが生き生きと喜んで飛び跳ねていた。「アユが喜んでいるのが分かるか」と言われるかもしれないが、私にはそう見えた。水は清冽で、アユの香りは強く、またおいしかった。解禁時には川

平成13年太田橋下流付近での友釣り師たち。
庄川はかつては「アユの川」だった

からアユの香りが漂った。本当に漂ったのである。

　しかし、川は、庄川は変わった。見違えるように。たったの20年ほどで。低水護岸や砂利採取などの河川工事により、庄川からは大きな淵と荒瀬は消えた。平成12年（13、14年もそうだが）に私が調べた結果では、約20kmの漁場範囲に最大水深２m以上の淵はわずかに３つ、荒瀬と呼べる瀬はなかった。川の蛇行幅は狭くなり、東西南北の勾配差は小さくなり、真っ直ぐに、平坦になった。さらに、庄川上流の五箇山地域には最近になって新たに３つものスキー場が開設されるなど、観光化が進んだ。スキー場の開設がどの程度川へ影響を与えるのかは明確ではないが、森林の伐採と多くの人間の排泄物の処理は少なからぬ影響を川とアユに与えるように思える。

　川の衰弱に加え、カワウの飛来や冷水病の蔓延により、アユは弱くなり、香りはなくなり、そして数も見る陰もなくなった。ここ２、３年は庄川合口ダム近くまでアユが上ってこなくなったと、庄川町の人たちは声を揃えて言われる。それほどアユは衰弱してしまったのか。このような現象は日本各地でみられるらしく、広島県内水面漁連の村上さんも「ないすいめん」に「日本の川は老化した」と書いておられる。日本人社会と同じく日本の川も老齢化したのかもしれない。

時代は移る

　「昭和30〜40年頃の、まだマスがよく獲れた頃の神通川のマス漁や川の写真はありませんか」と、時にマスコミの方々に聞かれることがある。もちろん（何故か）、水試にはない。そこで、神通川の幾人かの川漁師に聞いてみると、皆「ない」という。「どうしてですか」と聞くと「まさか自分の生きている間にこんなにマスが獲れんようになっちゃ、夢にも思わんかった。川がこんなに変わっちゃ、考えてもみんかった。写真なんか、そんなもんいつでも撮れっちゃと思うとった」の返答である。そうであろう、私も昭和60年頃の川が貴重な川とは思えなかった。川とは常にこういうものであって、川がそんなに早く変わるものとはつゆ思わなかった。今にして思えば、写真をしっかりとっておけばよかったと思うが、「後悔先に立たず」である。人は失ってみて初めて、そのものの価値が分かるものらしい。

　時代にはその時代の臭いがあるように思われる。人の着ているものや髪型、流行している持ち物を見てもよく分かるが、人の表情や、さらには景色や風景そのものにも時代の臭いというか輝きみたいなものが感じられると思う。昭和60年頃の解禁前の釣具店には多くの人が集まり、解禁日を待ちわびる人々の例えようのない熱気が溢れていた。今でも解禁前近くには多くの人が釣具店を訪れるが、人々の表情には冷めたというか疲れたようなものがあり、以前のような情熱が感じられないのは、単に私が年を重ねただけのことなのであろうか。以前、富山市科学文化センターだよりの表紙に昭和30年代の「いたち川」の白黒の写真が掲載されているのを見たことがある。それを見て私は愕然とした。写真を見れば当時の川の状況が一目瞭然だったのである。健全で伸びざかりの時代の雰囲気も写真から伝わってきた。くどい説明は不要だった。時代にはその時代の波動がある。

　昭和60年頃の庄川。深くて自然に近い淵がまだ多くあった。夏の夕暮れ時。そのほとんどの淵で、数十、いや百人を越える位の人が淵の両側に並んだ。そういう光景は、橋からも土手からも当たり前の光景として見られた。毎日のようにその多くの竿の放列が見られたということは、それなりに皆釣っていたということだから、アユの数も相当多くいて、またアユは元気だったのだろう。釣り人の顔には、漁師特有の鋭さと喜びさえ感じられた。あのような光景を最近は見たことがない。いや、もう見ることはあるまい。やはり、あれは幻だったのか（だ）。

■ 「アユの川」はいずこに

　台風6号による濁流が起こる前日の夕暮れ時、私は高速道路付近の小さな瀬で、投網でアユを捕っていた。垢腐れした平瀬と、アユが全く跳ばずドブ釣りの人が全く入らない小さな深みに挟まれたやや流速の強い狭い瀬であった。それでも、日暮れ前の上り食みを期待しての投網であった。小一時間で川を上がると土手から車が降りてきた。車が止まり、年輩の遊漁者風の人が声をかけてきた。「この瀬にアユおったけ。なーん、あかんかったろ」「そやね、10匹程おったかな」。私はクーラーを開けた。実際に数えると20尾程いたのだが、白く小さいアユも多いので20と言える代物ではなかった。「あんたの中にまだい

いアユおんにけ。去年からこのドブに毛鉤釣りの人、入っとんが見たことない
ちゃ。なんでこのドブにアユおらんがいろ」「高速の下の毛鉤釣りの人が多く
入っとる淵の上の瀬ちゃ、どうけ」「あかん。全然だめやちゃ。庄川でアユお
んがちゃ、中田橋の下だけや。もっとも中田橋は人が黒々と固まっていて、入
る気はせんけど。あとは上に少しおるところあるかの」。その人はここ2、3
年前からの庄川の状況も交えて、あそこはダメ、ここもダメとアユのいない川
を嘆いておられた。「この前友釣りしたけど、1日で白いアユ3匹だったわ。
たったの3匹やぜ」「おわも解禁の翌週の土曜に友釣りしたけど、4時間で白
いアユ2匹しか掛からんかったから、止めて帰ったわ」「最近の庄川はアユは
少ないし、友釣りでも釣れん。最近の庄川はおかしいわ。特に今年は異常や
わ」。その人は「異常」と捨てぜりふを吐いて去っていかれた。

　不調なのは遊漁者だけではない。懇意にしている川漁師に川の状況を聞くと
「アユ？おらんちゃ。網の解禁の日、南郷大橋から入って大人二人で30匹のア
ユとんがに、3時間半かかったちゃ。網の解禁日やぞ。さらの川やぞ。こんな
ことあるか」「投網け」「投網でとまるアユなんか瀬におらん。すぐテンカラ網
に替えたちゃ」。情報を総合すると中流から下流ほど状況は悪く、釣り、網と
も特に下流域は壊滅状態に近かった。釣りの解禁日でも毛鉤釣りで入れ食い状
態で釣れているのは1つの小さなドブだけで、他はさっぱりである。友釣りも
解禁日こそ少しは釣れはしたが、瀬に付いているアユを釣ったら、後が続かな
かった。

　その超入れ食い状態でつれた場所に漁師の話は移る。「今の庄川でアユおん
がちゃ、中田の橋の下だけや。異常な釣れ具合や。解禁日の朝だけで300釣っ
たもんおる。目の前で見とってもいやになるほど釣れとった。朝から来とるも
ん、みんな3桁や。夕方からでも100近く。庄川に放流したアユ、全部そこに
たまったがでないがか。こんなダラなアユ、初めてや」。この風景がテレビ・
新聞で報道されて、さも庄川が良かったような錯覚を覚えるが、実態はそうで
もない。「都合の良い現象だけが一人歩きする」ことはよくある。漁師は続け
る。「網が解禁になっても中田の橋の下では連日数十キロ捕れとる。そして捕
れたアユの中には成熟して白子もった雄もおる。普通のアユやったら、網で
ぼ（追う）われたら上に上るもんやが、網が入っても入っても、そこからずら

ん（動かない）とおる。で、今まで釣れ続け、捕れ続けや。こんなおもしい（おかしな）アユおっか」。漁師に言わせると今年のアユは普通のアユではないらしい。「こんなもん、川やないぞ。釣り堀や。釣り堀といっしょやないか。やっぱ、お金使っても、あっちこっちに深み（ドブ）造らなあかん」。漁師は放流魚と川に対する不満を私にぶつけたが、まさに中田橋の下は「釣り堀」、「網堀」である。たとえ、川に人工的に深みを造ったとして、私にすれば、ただ「釣り堀」「網堀」が増えるだけのように思われる。恐れていた事態が現実のものとなりそうである。

　川が釣り堀化してもらっては困る。私はかねてから川での釣り、網漁あるいは川遊びに対するもっと高い評価があっていいと思ってきた。例えば、病院に入院していたある老人が、病院から抜けして好きなドブ釣りに熱中したところ、病気が快方に向かった話を聞いたことがある。人によってはドブ釣りが、アユ釣りが「生きがい」、「精神の張りと心のやすらぎをもたらすもの」となりうるのは事実のように思える。なるほど、健康を維持するために、スポーツなど体を動かすことが奨励されている。しかし、スポーツは競技・競争であり、基本的に勝ち負けがある。勝つために体に無理な附加をかけ、また勝った、負けたで感情が動き過ぎ、精神衛生上は必ずしもいいものとは言えない。勝ち負けで暴力沙汰の事件が起きるのはよくあることである。

　が、釣りには、網漁には、勝ち負けは存在しない。自然との対話があるだけである。例えば無の境地になろうといかないまでも、心の平安を得るために寺へ行って座禅を組んだとする。と、私のような凡人の多くは5分としないうちに雑念・妄想が数多く浮かんできて、座禅どころではなくなるのが関の山である。ところが、川で釣りをしているか、投網でも打っていれば、2時間も3時間もいとも簡単に忘我の境地に入ることができる。このことでは、私と多くの川漁師は意見が一致している。

　私自身は川には目に見えない「気」のようなものが流れていると信じている。私はかつて川の流れを見、その瀬音を聞いているだけでも健康が増進するということを、「森林浴」という言葉に対抗して「流音浴」と名づけて、ある雑誌に書いたことがある。「川の流れと、その瀬音を浴びる」。このことが人間の肉体と精神に極めてよい影響を及ぼすことを今でも、いやますます深く確信する

ようになった。膨大な医療費のごく一部でも川の環境の維持・保全に回せれば、本質的に川の好きな人達では健康になる人も増えて、かえって医療費が押さえられるのではないかと、真面目に思っている。が、川が「釣り堀化」してしまえば、その効果も半減してしまうだろう。

　台風6号の大増水で「釣り堀」と揶揄された中田橋の下のドブも跡形もなくなった。放流アユはどこかに消えたのだろうか。上流に上らなくなったアユ。縄張りを持たなくなったアユ。オトリアユを追わなくなったアユ。強い流れを避け緩みに群れるようになったアユ。水面を跳ばなくなったアユ。アユにいったい何が起こっているのだろうか。

　平成15年3月7日。現在の庄川養魚場の北側に隣接して、私もその整備に深く関わったアユ増殖施設が完成し、その竣工式が盛大に行われた。庄川にあの「アユの川」が甦ってほしいとは日頃から強く願ってはいるが、現状を見ている限りでは心許ない限りである。果たして地場産アユ種苗の生産が起爆剤となり、庄川にかつてのような香り高いアユが、昔のように数多く戻ってくる日が訪れるのであろうか。

人々に支えられて─歴代場長の思い出①

　このエッセイをそろそろ締めるに当たっては、私をここまで導いてくれ、支えてくれた重要な恩人のことに触れないわけにはいかない。川漁師や同僚には随時登場していただいたので、ここでは私の拙ない駄文の「富水試だより」への掲載を、ほとんど手を入れることなく寛大に許していただき、また、まがりなりにも研究者の一員として私を育てていただいた歴代の富山水試場長の面影の断片を、感謝の意を込めて記したい。

正木場長

　当時の（今もだが）富山水試の場長は、どういう事情からかはよく知らないが、国の水産研究所からの、俗に言う「天下り」であった。県庁の水産漁港課における8年もの長い行政経験を経て、私が水産試験場に異動した時の場長は、天下りの場長となって3代目の正木さんであった。私がアユやサクラマス

の生態研究を主眼に、フィールド調査の道を歩み始めることがきたのは、何としても正木さんの影響が大きい。

　正木さんは情の深い熱血漢であられた。場長室からよく事務室に出てこられ、気軽に研究員に声を掛けてくださった。「やる気」があり、水試の研究報告を書くなどの実績を残していれば、それなりに評価していただけた。正木さんは言われた。「担当した事業の業務は昼の３時までに終わらせろ。あとの２時間は自分の研究に費やせ。事業報告書は他県並の「並」でいい。良い事業報告書などを書くなどと思うな。事業報告書など領収書に過ぎない。どんなに良い事業報告書を書いたとしても誰も評価しない。そんな時間があったら、論文を書け。研究者は論文で評価される。論文は８割できたと思ったら、投稿しろ。完璧を期してから投稿するなど時間の無駄だ。論旨さえしっかりしていれば、多少の些細な間違いなど気にするな、とにかく出すことだ」、などなど。もっとも水試の日常業務は忙しく、３時までに終わる事はまずなかった。必然的に、研究は夜と休日にせざるを得なかった。

　正木さんはお酒が好きで、また強かった。当時の水試の気風はおおらかで、よく酒を飲み、また多くの仕事をした。現在の水試の雰囲気では考えられないことだが、夏には水試の中庭で「アユの食味会」などと称して、多くの職員と皆で歓談を交わしたものだった。正木さんは「こういう飲み会こそ私が望んでいたものだ」と言われ、いたく喜ばれたものだった。正木さんは酒を飲まれるとよく「科学する心」を話された。何のために研究するのかを、情熱を持って話された。正木さんは鯨の研究で学位（博士号）を取得されている。酒を飲んだ時、まだ正木さんが若くてぺいぺいの頃に、捕鯨船に乗って、乗組員に時に怒られ、時に協力してもらいながら、苦労してデータをとったことなどを少しも隠さず、恥かしがらず、ついこの間のことのように熱っぽく話をされた。今にして思えば、それがどんなに励みになったことか。

　毎年、御用納めの日は、水試で飲んだ後、大勢で場長宅になだれ込むのが恒例であった。正木さんは太っ腹だった。毎年広島名産のカキ料理、上等なシャブシャブ肉などをふんだんに皆にご馳走された。もちろん、酒も存分に飲んだ。場長宅は喧騒ではあるが、陽気な雰囲気に包まれた。深夜近くになり、ある者が酒の飲み過ぎで気分が悪くなり吐いた。と、「おい、〇〇。おまえ、そ

んな高い肉を吐くなんてもったいないぞ」という仲間のジョークさえ飛んだ。そして帰りには手に土産を持たされたものだった。

　ある年の御用納め、昼から飲んで、多少の休みはあるにしても、翌朝の４時まで（最後は正木さんと２人になっていた）飲んだことがある。当日は皆の多くが帰りだした夜の10時頃から、私と正木さんで新たにビール１ケースを空にしたという、傍らで見ていた人の証言もあるくらいだから相当に飲んだのだろう。もちろん、私は二日酔いでは収まらず三日酔いである。年始めに場長宅へ深酒のことを詫びにいくと、「いいんよ、年に１、２回は内臓をアルコールで消毒するのもいいもんよ」と、全く意に解されていない。

　そして、その10日程後の新年会。２次会の店が閉店間際になり、追い出された。それで帰ろうとすると、「まだ、どこかに店はないかな。今何時だ。11時か。そうだ、田子ちゃんよ。俺のうちで飲もう」と正木さんの声。「え、まだ飲むんですか。いいですけど、この前ご迷惑かけましたし」「あーん、そんなことはいいんよ。少しも気にするなって。な、ちょっとだけ飲もう」。で、ちょっとだけ飲むつもりが、帰った時はまた朝の４時だった。

　酒を飲まない人は、私たちがそんなに長い時間いったい何を喋っているのだ、どうせくだらないことを繰り返し話しているのだろう、と思われるに違いない。だが、こういう飲み会（別に飲み会でなくてもいいのだが）を通して、私は完全に正木さんに感化されたものだった。話を重ねるうちに、私に眠っていた「科学する心」（ちょっと表現がきれいすぎるが）が徐々に目を醒ました。研究をやりたいという心と意欲が芽生えてきた。

　正木さんは「学位」を目指せという。行政から変ってきたばかりの私にはちょっと無理、どころかその時は学位をとれるなどとは夢にも思わなかった。が、少しでも長く水産試験場にいたいと思った私は、それなりの意思表示と努力だけはしようと決意した。そのうち、「学位」に拘るのは私的なことなのでよくないと感じるようになり、目標をもっと高いところに置いた。そして、そう思ったら「学位」のことは心から消し去るようにした。そして、取ったデータを無駄にしたくはない、サンプリングの犠牲となった魚たちはどうなるのだ、惜しみない協力をしてくれた川漁師や同僚の援助はどうなるのだ、そういう思いで、無心に、ただ書いた。だから、学位取得のために忙しい時であって

も学位審査論文に関係ない論文もいくつか書いている。そして、結果としてというか、事の成りゆきのついでというか、最近になって母校の京都大学から学位をいただいた。審査基準の厳しい京都大学から学位を授与されて、京都大学並びに主任教授の田中克先生には深く感謝している。しかし、個人としては極めてうれしいが、審査論文は別にして、学位そのものは人の役に立つことはほとんどないと今でも思っている。ただ、正木さんを初め、お世話になった多くの人々、特に歴代の場長からお祝いの言葉をいただいた時には、別な意味でうれしかった。何と言うか、うまく表現できないが、それらの人々の期待に応えることができてよかったと、ほっとした思いの方がより強かった、ということであろうか。

　正木さんは人をやる気にさせるのが上手かった。これは私だけではなく多くの研究員が正木さんには意気を感じたと言っている。また大変に気配りをされる方で、今でも正木さんの時代を懐かしむ職員、アルバイトの方は多い。年末年始や宴会の前の場長の話などは短い方が喜ばれるものと相場が決まっているが、正木さんだけは違った。哲学的な要素が加味された、実に味の濃い中味だったので、私はいつも神妙に聞き入っていたものだった。私の最初の、今から思えば極めてつたない、水試の研究報告も正木さんに誉めていただいた。誉められるとやはり人はうれしいものだ。これがもしけなされていれば、今の私があったかどうかは分からない。人とは、特に私のような意気に感ずるような人間は、そういうものではなかろうか。そして、次も書いてやろういう気力が湧いてきたものだった。人をやる気にさせるということは大変なことである。いくらきめ細かく指導をしたとしても、それだけで人がやる気を出すかというと、そんなことはない。特に現代の若い人にやる気を出させるのは難しい。それは正木さんのような感化力のある人柄を備えた人にしかできないように思える。とにかく、正木さんには多大な影響を受けた。

　時は流れて平成14年夏。富山の居酒屋で久しぶりに正木さんにお会いすることができた。かつて若いときに上司に反抗してストライキ（だったかな）して減給処分をくらったせいかどうかは分からないが、他の元場長が国へ帰れば水研の所長までに出世されるのに、正木さんは、それこそ正木さんらしく、部長のまま退職され、ある民間の環境調査会社に勤められていた。正木さんはその

容姿といい、情熱といい10年前と全く変わらなかった。10年前の水試の雰囲気がそのまま再現されたようだった。ま、私（達）も同じように10年の歳月を経過しているので、相対的にはお互いに同等なのかもしれない。話の中で、私が庄川で苦労してとったアユのデータを自分の関係分野は論文にしたので、資源解析は自分はできないので故松宮先生の恩に報いるためにすべてある人にあげたというと、「田子ちゃんよ、もったいないことするなあ。そういうデータは俺にくれんか。まだ、ないんかそんなデータは。田子ちゃんなら、アユとかマスとかでまだあるやろ」。正木さんは資源解析の専門家でおられたが、「ご自分でやられるのですか？」「いや、実はな、うちの会社にいい子がおってな、とっても優秀なんや。それで出身が富山なんや。資源解析をやってきていてな、とっても有能なんだけど使えるデータがないんや」。正木さんらしいと思った。そういえば、私も平成6年に舞鶴（京都大学水産実験所）で1ヶ月の国内研修をさせていただいたが、私の舞鶴の研修を一部の人の反対を押し切り、強く薦めてくださったのも正木さんだった。正木さんは今でも、いや死ぬまで、若き後輩達に熱い情熱を注がれ、その成長に目をかけていかれるのだろう。

　ついでにいうと、正木さんが国に帰られた翌年の平成6年には、この合理化が叫ばれる時勢にあって富山水試では水産増殖課が栽培・深層水課と内水面課に別れて1課増設になった。深層水施設の整備においてもそうだが、これらは正木さんの並々ならぬ情熱と行動力の賜であったことは、知る人ぞ知るところであった。

松里場長

　次の松里さんは豪快な人だった。松里さんは大きい体躯をしておられたが、言動も大きかった。松里さんが富山水試に赴任されて間もない5月頃、急に場長室に呼ばれた。「今度中央水産研究所で全国内水面水産試験場の場長会があるのだけれど、何か河川環境について話をするようにとのことだ。俺はまだ来て間もないから、君が代わりに喋ってくれないか」「え、僕がですか。いやだな、そんな偉い人の集まるところでは」「当日は建設省の本省からも人が来るそうだ。水産業のためになる話なら、何を言ってもかまわない」。ということで、場長に推されて私が話すことになった。

　当日の昼。私たちは上田市のある店に昼食を食べに入った。お互いに好きな物を注文した後、「ところで、田子ちゃん、ビールを飲むと顔にでる方か」「いいえ、私はでにくい方です」「そうか、じゃあ、ちょっとだけ飲もうか」とコップ1、2杯のビールとつまみをご馳走になったが、長時間の電車に揺られた喉にはすがすがしかった。このように、松里さんはフランクであり、また気の細やかな面もあった。

　会議では水産庁の内水面班長が私の前に話をされた。班長の話は予定より10分ほど長かった。ところが私はと言えば、予定時間の15分の倍近くを要してしまった。別に学会でもないので杓子定規に時間を守ることもないのだが、（やはりちょっと長かったかな、ビールを飲んで少し気が大きくなったかな。いやいや、酔うような量ではなかったし、昼からもう数時間経過している。これは川への思いがそうさせたのだ）とは思うようにしたものの、やはり少し後悔した。班長には「田子さんはたいしたものだ。私も長かったが、あなたはもっと長かったね」と誉め言葉にも皮肉にもとれる言葉を言われたものである。ただ、松里さんには「時間はかなりオーバーしたが、内容が面白く、皆が聞き入っていたので、まあ、よかったよ」と言われて救われた思いがした。

　松里さんには別の機会にも場長室でこう言われたのを鮮明に記憶している。「田子ちゃんよ。本当に水産のことを思って、水産の役に立つと思って言うのなら、何を言っても、何を書いてもかまわない。俺達は水産の立場でものを言えばいい。それを人がどう捉えるかは別の話だ。責任は俺が持つ。好きにやれ」。（かっこいい）。私はうれしかった。今までにこんなことを面と向かって言われたことはない。私もそういう立場に立てば、そんなことを言ってみたいとは思ったし、今でもそう思う。もちろん、本当に責任をとってくれるのかな、という不安がもたげないことはない。しかし、嘘であってもいい（もちろん、松里さんは嘘をつく人ではない）、たとえそれが嘘であっても、そう言われた当人は極めてうれしいものである。もっとも、温厚な私？が、そんな波風を立てるような言動をするはずがないという確信のもとに松里さんは言われたとは思うが。

　なお、これらには後日談がある。平成14年秋。養殖研究所の所長に出世された松里さんが来県されたおりに飲む機会があった。私の記憶力には間違いはな

いとは思ったが、松里さんには「場長語録」を書いていると断った上で、「ねえ、所長。水産の役に立つことなら何を言っても、何を書いてもいいとおっしゃいましたよね」と確かめた。と、「当たり前のことを聞くな。そんなことは今でもそうだ。俺達が水産のことを言い、書かなかったら誰が書くんだ」と当時と変わらない頼もしいお言葉が返ってきた。で、酔ったついでに「でも昼にちょっとビールを飲んだのはやっぱり書けないですよね」と聞くと「何でダメなんだ。田子ちゃんらしくもない。書け。書け」「えー、いいんですか」「ヨーロッパじゃ、食前酒なんて当たり前でみんな昼にワインを飲んでいるんだぞ」。松里さんはさすがに国際経験豊かな人であった。

　松里さんに関してはもう一つ印象に残っている会話がある。これも会議のことであった。また、場長室に呼ばれ、新潟市での日米科学者会議のサテライトで私に話せというのである。

「いやですよ。英会話は得意ではないし、だいいち米国人の前で話すなんて苦手ですよ」「いいから話せ。お前しかいない。題目を考えておけ」。しばらくして「題は決めたか」と聞かれ、「ええ。一応」「なんというものだ」「富山県におけるサクラマスの生態でどうですか」「うーん」「どうかしましたか」「面白くない」「面白くない？」「そう、面白くない。米国人相手には特にそうだ」「面白くない？場長、科学的な口頭発表などの題目というものは、面白いとか面白くないで決まる訳じゃないでしょう」「いや、だめだ。うーん、そうだストラテジーにしよう。」「何ですか？そのストラテ？っていうのは」「おまえ、ストラテジーも知らないのか。戦略だよ。富山県におけるサクラマス資源増大のための戦略。これで行こう」。呆気にとられる私を尻目に題目が決まった。

　それから苦労して題目に合わせてスライドと英文を作り、予行演習の日となった。私の演習を聞いた後、松里さんは「へえ、田子ちゃんは、ペーパーを見ないのだ」「ええ、日本語で話す時にも使ったことはありません。どうも好きになれなくて」「それはいい。米国人は喜ぶぞ。どっちみちペーパー見たって、いい発音はできないからな。内容はいい、おまえに任す。ただ、話の途中に八尾のおわらとか富山湾の風景とかの観光地の写真を入れろ」「え？真面目な会議でしょ。いいんですか。そんなことして」「その方が米国人は喜ぶ。そして結果的には良く聞いてくれる」。結果は松里さんの予言したとおりであっ

た。科学的な内容はともかく、米国人は私の話（スライド）を喜んでくれた。夜のレセプションでもコロラドに来いと誘ってくれる人がいたり、ホテルの部屋に案内してくれ、ギンザケの耳石のバーコード標識の実物を私に見せてくれ、懇切にやり方を教えてくれた人もいた。これも発表の効果で、私の実力を過大に評価してくれたおかげにちがいない。

　松里さんはスポーツにおいても自分をさらけだされた。テニスにも卓球にも参加された。やり方は豪快である。テニスであろうと卓球であろうとおもいっきりラケットを振り回す。それこそホームランか三振かの振りである。当たれば強烈な球が返ってきた。研究員の間では「ブンブン丸」とさえ言われるようになった。卓球では勢い余ってラケットまで投げ出されたことも何度かあったので、皆に恐れられた。よく動かれたが体力的には年には勝てない面も多く見られた。大きな体でよく動かれるせいか、足首に通風を煩われておられる時期があった。「場長、美食のし過ぎじゃないんですか」とからかうと、一言「うるさい。田子ちゃんみたいなキリギリスには俺の食事と足の痛みは分からん」であった。

　美食といえば、松里さんはかつて国連のFAO（勤務地はイタリア）に勤めておられた時があった。ある時、水試の研修室において、オリーブ油のたっぷりかかった手作りのスパゲッティーを水試職員全員に振る舞われたことがあった。イタリアワインも提供され、それこそ研修室はイタリアの雰囲気に包まれたものである。大変楽しかったが、今から思えば、松里さんのご苦労は相当なものであったと思う。松里さんは川魚も大好きだった。川魚を食べに連れて行けと言われて私も同行したことがある。松里さんはアユはもちろん小矢部川でのウグイやモクズガニも好んで食べられて、私もご馳走にあずかった。各地を転々としておられる松里さんはいろいろな魚を食べておられ、一番おいしい淡水魚は冷水魚ではヒメマス、温水魚ではホンモロコだと言われたが、私のような北陸の人間には、ホンモロコは食べたことがなかったので、松里さんの味覚を理解できない面もあった。

　松里さんは多くの面でほとんど隠しごとをしない、いやできない人だった。下で仕える身としてはそういうところは実に安心できる面でもあった。通常の天下りの場長は3年間の勤務なのに反して、松里さんだけは例外的に2年間

だった。短い時間を、それこそ疾風怒涛のごとく、松里さんは駆け抜かれていかれた。

　正木さん、松里さんの時代の水試は、社会的にもまだ公務員たたきも始まっておらず、活動的で明るい時代であった。川においても冷水病の魔の手はすでに忍びよってはいたものの、それでもアユは良く釣れた。私も若く、体力に任せてデータを取りまくり、酒を良く飲み、大いに議論した真夏のように輝いていた時代であった。

（続）人々に支えられて―歴代場長の思い出②

■　反町場長

　反町さんが着任された平成８年は富山県においても、県の某部署が市民オンブズマンから旅費の不正支出を指摘され、県の幹部職員が自発的に？旅費を返納することになるなど、公務員を取り巻く社会的な変化が目に見えて起こった年であり、水産試験場においても当然のごとく、その余波は及んできた。また、川においても冷水病によるアユの釣れ具合の大不調が顕著にみられるようになった。反町さんの時代には、職員の間でもいくつかの好ましくない出来事が起こり、私には水産試験場そのものが冷水病に罹ったのではないか、とさえ思われた。そして、こういう時期に魚の病気の専門家である反町さんが赴任されたのも、人の巡り合わせというものはこういうものなのかと、私は反町さんにいたく同情したものだった。

　反町さんは前の２人とは雰囲気が違って、実直な研究者タイプの人だった。専門が魚病ということもあり、実際上も実験室に篭もられることが多かったのだろう。外見は、話をされている時や、笑っておられる時は（よく笑われた方だった）別人のようだが、黙っておられる時は凄みさえ感じられる時もあった。反町さんは通常の事業報告書などには比較的寛容ではあったが、研究論文に対しては厳しいものがあった。学会誌に投稿したいある論文を反町さんに事前にみてもらった時のことである。ある日、論文の件で場長室に呼ばれた。反町さんは論文をめくりながら言った。「あのな、いいか。おまえな、こ

れは本を書いているんではないんだぞ。なんだ、この頁の多さは。科学論文とはな、短く簡潔に書くものだ。そして、何が言いたいかではなくてだな、とったデータから何が言えるかを書くんだ。田子ちゃんが何を言いたいかはよく分かる。そして、新規性はあるにはある。だが、科学論文とは何が言いたいかではなく、何が言えるかを書くんだ」と、もうボロクソであった。反町さんは論文（報告文）を直すのがとても上手で、研究員の間でもそれに関しては定評があった。私も同感で一目を置いてはいた。しかし、反町さんに酷評（といっても今から思えばごく基本的なことではあるが）されて落ち込んだものである。

で、ある時別件で場長室に入った時、反町さんに呼び止められた。「田子ちゃん、ちょっと座れ」「何ですか」「実はな、俺は某学会の編集委員をしているのだがな、ここにある論文があるが、これは田子ちゃんのと違ってもっと困る論文だ」「もっと困る？どういうことですか」「この論文はな、新規性も乏しいし、情報（データ）が少なすぎて何が言いたいのかさっぱり分からん。田子ちゃんのは量が多すぎてこれとこれは論旨に関係ないから削れとかの指示か助言が出せるが、この手の論文は手に負えん」「手に負えない？で、どうなるのですか」「著名な人と連名になっていて、何かに必要なのだろうが、これではだめだな」「だめ？」「そうリジェクト（拒否）だな」。ということで、何が言いたかったのか良く分からなかったが、要は田子の方がまだいい、ということなのか。変な元気づけの仕方もあるもんだと思ったものだった。反町さんに酷評された論文は、河川環境に関するもので今まで誰も言ったことがない内容だったので、「川のためには」と思って私はめげずにその後も努力だけは重ねた。

これに限らずいくつもの論文を書き、何度も反町さんにみていただいた。論文を場長室に持っていくと、「またか」という顔をされたが、必ず丁寧に、そして早く（これが重要だが）みてくださった。反町さんに鍛えられて、それまで全く科学論文らしくない文章を書いていた私にも、少しは論文の文章を書くという基本的な素養ができたように思う。

反町さんは面と向かっては、少なくとも私には、人を誉めなかった。私は5、6編にもなる論文（既に学会誌に掲載されている）をみていただいたが、一度も誉められたことはなかった。しかし、陰では新聞記者に田子が面白い事を書いているから田子に聞けと言ってくださったり、全国内水面漁連の事務局

に、田子の水試だよりは面白いから田子に書いてもらったらどうかと薦めてくださったらしい。それで、全国内水面漁連の広報誌「ないすいめん」に8回に渡る連載が実現したのであった。こういうことから察するに、反町さんは極めて情の深い人なのだが、少し昔風の日本男児というか、あるいは照れ屋であられたのかもしれない。だが、甘い言葉をかけるだけが愛情ではない。一見厳しい対応のように思えても、その方が本人のためになることはよくあることである。何が愛情であったかは後になって初めて分かるような気がする。

　そ、そう、それと大事なことを忘れていた。歴代の場長は単身赴任であったが反町さんだけは家族で赴任されていた。一度、官舎で反町さんの奥さんにお目にかかったが、奥さんは極めてお美しい方であった。そして、その娘さんというのがこれまた美人で、家族での赴任の理由も何となく分かったような気にもなったが、「どうして世の中は……」と声を出したくなるほど、うらやましく思えたものだった。と書くと、「また田子の奴」、と言って、怒鳴られそうな光景が目に浮かんでくるので、先手を取ってこの場で謝っておきたい。

　時は変わって平成15年1月。日本海区水産研究所の所長に出世された反町さんは仕事で富山に来県され、富山水試に立ち寄られた。再び反町さんに面会した私は「いやー、魚病の専門化の反町さんが、まさか隣県にある日本海区水産研究所の所長になって、再び近くに来られるとは思ってもみませんでしたよ」と、近くにいた研究員の心情を代表して述べた。これでも、私としては心からその出世を祝福しているつもりだった。「その節はいろいろご指導いただいて、お陰様で多くの論文も学会誌に掲載されましたし、学位も取得できました。ありがとうございます」とお礼を述べると、「いや、俺のほうこそ田子ちゃんにアユとかサクラマス、ダムとか川の環境の論文を多く読ませてもらって、かえって勉強になったよ。それが今、水研の所長になったり、黒部川の何とかの委員なんかになっているけど、結構その時の知識が役に立っているよ」と、逆に感謝されたものだった。正木さんや松里さんと再会した時もそうだったが、反町さんと再会した時にも全く時間の空白（経過）というものが感じられなかった。これはなぜなのだろうか。それは私が真面目に研究したせいからか、そして場長がそれに真剣に応えてくれたせいからだろうか。いやいや、そんな単純なものではあるまい。人と人との出会い（関係）というのはもっと別の次

元のようなものに思えてしかたがなかった。

中村場長

　中村さんは今までの場長とは違って、一風変わっていた。専門が水産加工、化学であったので、当初から水産試験場よりは食品研究所へ行きたかったと周囲に漏らすくらい、私たちとは畑が違った。また、中村さんはある意味でドライな人であった。そのため、情に流され易い私とは時に意見の食い違うこともあった。中村さんの研究者の評価基準（反町さんもそうだったが）は徹底していた。科学論文とはレフリー（審査員）、編集委員の査読を経て受理されたものだけで、その他は科学論文とは言わない。だから基本的には学会誌に掲載されたものだけが科学論文である。そして、学会誌にも軽重があり、水産のものならば水産学会誌に投稿するのが筋である。そして、水産学会誌よりも英文で書いてアメリカやカナダの学会誌に掲載された方がいい。究極的には「ネイチャー」に掲載されるようにすべきである。

　私も英文で書いて外国の雑誌に投稿することを薦められたが、根が愛国主義者であること、サクラマスやアユはほぼ日本固有の魚であること、研究者としての評価には興味がなく、他県の増殖事業に携わっている水試の人達などの役に立てばいいと思っていること、表音と表形文字がうまくミックスされ、繊細な表現ができる日本語の素晴らしさに惚れていることなどから、英文での外国雑誌への投稿にはほとんど興味が湧かなかった。実際、中村さんは外国の雑誌に投稿しておられたようだ。富山水試にも中村さん宛の外国雑誌からの投稿原稿に関する封書が届いていたこともあった。

　だから、学会誌に論文が掲載されるのにどれだけの労力が費やされるかをよく知っておられるのだろう。中村さんと意見の食い違いで多少のわだかまりがある時でも、場長室へ行って水産学会誌に掲載され論文を謹呈すると、「よく頑張ったね。ゆっくり読ませてもらいます」と必ずねぎらいの言葉をかけてくださった。学会誌に掲載された論文は場長を初め、関係の上司に謹呈しているが、そういう言葉を直接かけてくれたのは、中村さんが最初であった。もっとも正木さん、松里さん、反町さんなど同じように論文で苦労した経験がおありで、既に富山水試を去った元場長からも、掲載された論文を読んで（見て）、

メール、葉書などで励ましとねぎらいの言葉をいただいてはいるが。

　賞にもこだわられた。研究者の評価は論文の数ではあるが、いい論文もどうでもいい論文も中にはある。だからもらえそうな賞には応募すべきである。目立ち過ぎると妬まれもするので、謙虚でいなければいけないが、かといって卑屈になることもない。学位などというのは個人的な要素が強いものだが、賞は客観的な評価だ。そういう考えで、私を創設されたばかりの第一回全国水産試験場長会の会長賞に強く推薦してくださった。評価対象は過去10年間の研究や広報活動、地域水産業への貢献度などであった。そして、ある日、会長賞を決める会議から帰ってこられた中村さんに場長室に呼ばれた。「会議では最終的に３件の対象に絞られたが、１つには決められなかった。そして、最終的には郵送での各場長の投票で決めることになった。投票になればたぶん大丈夫だろう。あなたの場合、論文の数といい、広報誌などへの読み物の数といい申し分ない。きっと選ばれる」と、普段はほとんど情に流されない質で、賞など貰えれば儲けもの、と言っていた割には、自信のある言葉であった。

　生態学琵琶湖賞にも「田子さん、学位も取ったし、私が推薦状を書くから、応募するように」と、今度は直接、密かに薦められた。生態学琵琶湖賞は生態学をやっている研究者には極めて魅力的な賞で、憧れではあった。が、私はそんなに尊大な男ではない。身の程をわきまえているつもりである。「いえ、全国水産試験場長会の会長賞だけで十分です」と断ると、「賞なんていくつもらってもいい。それに応募しても授賞がどれほどの確率かは分からない。だが、応募しないと何も始まらない」と再三薦められた。しかし、私は当時学会誌に投稿中の、海の物とも山の物とも分からない論文をいくつも抱えていたので、固辞した。結局、「富山湾でのアユの生態が論文になるまで」ということで、納得していただいた。また、「全国内水面漁連から私の水試だよりを本にしたいという話があるんですが」と、場長である中村さんに一応伺いにいくと、「いいじゃないか、本にしてもらえばいい。それは全くかまわないが、それよりも次長に言ってその本も田子さんの業績として認めてもらったほうがいい」であった。さらに、県の優良職員表彰の見返りに、海外研修の順番が私にきた時に、私は断った。そうしたら中村さんは「田子さん、どうして行かないのだ。行き先なら中米でもどこでも私が紹介してあげる。行くように」とこれ

も何度も言われたが、これも最終的には私の家庭が知的障害児（ダウン症）の次女を抱えているという事情を話すと、さすがに中村さんもそれ以上は言われなくなった。気持ちはありがたかったが、私には家庭を長期に留守にすることは、当時も今も許される状況にない。

またある時、場長室で話をする機会があった。世間話になり「ところで、この間お宅の課長と会議にいったのだけれど、うちの水試には現役の研究員の人でも水産学会に入っていない人がいるんだね。私は驚いちゃったよ」。（そんなことで驚かれても。ここは地方の県なのだから。でも水研などの国の機関ではそういうのは常識なんだろな）と思った。もちろん、少なくとも私は（私たち研究員は研究職として給料をいただいている。別に学会に投稿しなくてもいい。いや、学会誌を読まなくてもいいから、入会してお金を払っているだけでもいい。何故なら、それは広い意味で水産研究、水産業を支えていることにつながっている）という信念は持っていて、実際そうしている。しかし、地方の水産試験場は、少なくとも現状では、県の行政機関の出先機関であり、人事も行政との異動が頻繁に行われるから、そこにいる人も中村さんの考えるような純粋な研究員ばかりでないことだけは確かである。

私の全国水産試験場場長会の会長賞の授賞が決まり、副賞に３万円相当の記念品がもらえることが分かったとき、「田子ちゃん、いいね。３万円も」とある人に言われ、むっとした私は「なん言うとんがいね、○○さん、あんた、学会にちゃ、全然入っとらんかろ。おわ、いくつも入っとって、年間５万円程も払っとんがいぜ。10年たちゃ、あんたおわより50万円儲かっとることにならんけ」と答えると、黙ってしまった。50万円は貧乏人の子沢山にとっては大金である。もちろん、研究活動には学会費以外にも研究会に参加しただけでも多大な私費を要する。が、それがどうしたというのだ。研究者の税金と思って出すしかない。金は天下の回り物である。いつかは自分に返ってくるかもしれない、そう信じて出すべきものは出して生きていきたい。

中村さんは研究で生きる者とはどうあるべきかの一面を示してくれた人だった。

（続々）人々に支えられて―年老いた川漁師たち

川漁師たちの往年の川への想い

　どれだけ多くの川漁師から、いったいどれだけの回数、どれだけの時間、それぞれの胸にしまってある川に対しての昔年の想いを聞いたことだろうか。昔の良い時の川を知らない私にとっては、これは幸福な時ではあったが、言葉の端々に川漁師の郷愁と無念さがにじみ出ていた。その時の私にはただうなずくことだけしかできなかったが、川と川漁師への恩返しの一つとして、ここに川漁師の思いの一端を記してみたい。

　例えば神通川。

　（マス）「昔は大きなドブ（淵）がたくさんあって、また木工枕礁の護岸だったから、流れでえぐれてウロができて、たくさんのマスがたまったもんよ。潜ってみると、ウロにはマスがいっぱいいるのがよく分かった」。「いや、おらっちゃの代で終わりやちゃ。今の若いもん、だれも竿とか櫂とか持てんちゃ。それに大きな淵がなくなってきて、網を流せる場所も数えるほどしかくなったしな。マスの数も流し網で獲るには少な過ぎっからのう。まあ、確実にわしらの代で終わりやちゃ（マス流しの存続を問われて）」。

　（アユ）「昔のアユの香りと比べたら、今のアユはアユでないちゃ」。「今年のアユの数？去年の数十分の一や。（え、去年の数十分の一ですか。では、10年前とか20年前とではどうですか）。……、おらんがといっしょや」。「ちょっと前まで神通川ではホリ網でもアユがたくさんとれたんだけどな。今？アユも少なくなったし、だいいち、川が変わってホリ網をやれる場所がなくなったわ」。

　（川）「昔は漁に出ると必ずこうやって手ですくって川の水を飲んどったがいけど……。今は、ジュースや」。「昔の神通川は10尺下の川底が見えた。今は3尺見えるかな」。「昔は今の婦中公園のところ（河川敷……高水敷）に水が流れとった。そやなー、4〜5mは河床が下がったやろ」。「昔は一瀬ごと（蛇行部）にドブがあって、竿がきかない（届かない）深いドブがいっぱいあったがいけどなあ。今はそんなドブは1つも2つもあるかな」。「昔は水が出ると喜んで舟出して川に網を打ちに行ったものやが、今じゃ水出たら、舟流されるかもしれ

んと心配してあわてて川、見に行かなあかん。水出たら、本当に危い川になったちゃ」。「良い思いをさせてもらった瀬や淵がなあ、いっぱいあったんやけどな。それが、一つ、また一つと潰されてきた。田子さんよ、何とかしてくれ」。「何とかしてくれ」と川漁師に懇願されて、この時ほど無力感を感じることはなかった。

　次に庄川。

　（マス）「親の代の話では、小牧ダムができる前の庄川にはマスがたくさんおって、それこそ神通川以上に獲れたという。しかし、ダムできた1〜2年はダム下（の深み）はマスで溢れとったらしいが、3年目からはおらんようになったそうな」「昔は深くて長いドブがいくつもあって、一つのドブ流す（マス流し）のにも1時間くらいはかかったなあ」。

　（アユ）「昔の庄川には足で踏むくらいのアユがおったちゃ。今じゃ小っちゃなったけど、大きいアユも、そりゃ、いっぱいおったもんよ」。

　（川）「わしらの子供の頃には、河原にはこんな草なんか、はえとらんだがいけどな」。
「田子さん、もう手遅れですよ。また、言っても無駄ですよ（砂利採取風景を眺めながら）」。「川の石の大きさ？　今の高速（河口から17㎞）は、昔の大門（河口から6.8㎞）の石と同じ大きさや」。「昔の庄川ゆうたら、水量が多くて危なて近づけんだもんやけど、今じゃ四駆のいい車やったら簡単に横断できっちゃ」。「そこの土手に昔の水門が埋まっとっやろ。昔はそこまで水がきとったがや。そやの、今じゃ、5ｍも河床が下がったかの」。「庄川はもう舟を出してまで網を打つ川じゃなくなったわ。大きなドブはなくなったし、ドブにはアユはおらんようになった」。

　黒部川でも、

　「昔はマスがたくさんいて、ヤス持ってもぐりゃ、2、3本はいつでも刺せたもんや。黒部川は水が冷たく，アユも本当においしいアユやった。アユが砂をかむようになったのは、黒四ダムができてからやな。今？……見てのとおりや。面影もないな（濁流の川と砂が堆積した河原を眺めながら）」。

　本川だけでなく、支流の話も多く聞いた。例えば、和田川（庄川支流）。

　和田川は今でこそ水の増減が激しく、大人でも普通の人は危なくて近寄れな

いが、和田川総合開発以前（昭和40年代初め頃まで）の和田川は、上流部は岩盤と小石の川底で、マス、アユを初め、ウナギ、コイ、フナ、ナマズといった多くの魚が溢れていたという。また、エビ（大きいのと小さいのの２種類）もくさる程いたし、シジミ（マシジミ）もたくさんとれて、日常的に味噌汁にしていたという。川では多くの子供達が水遊びを楽しみ、子供には楽園のようなところだったという。

　神通川支流の熊野川にしても、上流部にダムができて、水量は一定になり、下流域は河川改修され、おまけに、し尿処理場の汚水も流れ込むようになって水質は低下し、今ではアユを捕る人はほとんど見かけられないが、昔は川相（瀬と淵）が豊かな上に、水もたいへんきれいだったので、多くのマス、アユが上り、特にアユの味は神通川水系でも群を抜いていたという。

　多くの漁師の方々からいろいろな話を伺ったが、病気や高齢のために川に出れなくなった人が一人、また一人とでてこられ、中にはもう亡くなられた方もおいでになる。市場で、「○○さん、今年市場にアユ出しとられんけど、どうしたがかね」と、ある漁師に問うと、「ああ、腰が悪いみたいやな。そやなあ、年だし、もう、川に出れんやろ」との答が返ってくる。

他界した川漁師たち

　富水試だよりを書いていた、たったの12年の間にも、他界された川漁師の方々もおられる。私は多くの方にお世話になったが、ここでは他界された方を偲んで、沼幸雄さんの思い出に触れてみたい。

　沼さんは極めて情熱的かつ行動的な方で、私などは徹底的に川と川魚を教えて貰ったものである。沼さんは厳しい人ではあったが、私のような水試の人に対しては礼儀をわきまえた方でもあった。私は庄川でのサクラマスの調査を全面的に沼さんに託した。私はどんな時にも調査を断らなかった。ある夜、自宅である県職員のアパートに電話が掛かってくる。「田子さん、沼やけど、明日流し網しようと思うがいけど、どうかね」「明日朝ですか。いいですよ。行きます」。もちろん、明日の予定が入っている時もある。しかし、それでも漁師との約束を優先した。すぐ課長に、明日は庄川に行きたいから予定を変更してほしい、と電話した。私の当時の直属の課長も偉かった。どんな重要な予定が

入っていたとしても課長は文句を言わずに認めてくれた。当時はそれが当たり前の世界だった。5年間、私はどんな急な要請でも1度も断らなかった。若かったし、体力もあった。二日酔いで苦しい時もあったが、全調査、約500kmにも及ぶ流し網調査に乗船あるいは車で同行した。何も考えず漁師の世界とはこういうものだと思った。そしてフィールドを対象にする研究者もそうあるべきだと思った。しかし、それがどうだ。まだサクラマス親魚の回帰調査の必要性が現場でも研究の面でも高いと思われるのに、その後は何故か知らないが、捕獲調査そのものが打ち切られてしまっている。

　沼さんは今の庄川は川ではないと言われた。水量多かりし頃の庄川。多くのマスが遡上し、香り高いアユが足の踏み場もない程いて、淵や荒瀬があった。当時の淵に比べれば現在のは水溜まりのようなものだ。「和田川総合開発で庄川の水が合口ダムから60〜70トン（毎秒）も和田川に流れるのに同意したのは、悔やんでも悔やみきれない。水、少ない方が魚捕りやすかろう言われて、当時は県はお上みたいもんやったし、今から思えば雀の涙みたいな500万円で永久放棄や。永久やぜ。こんなダラみたいことあっか」と、よく口にされた。別に沼さんが同意した訳ではないので、沼さんは少しも悪くないはずである。しかし、沼さんにすればあまりの庄川の変貌に、漁師としての責任を感じておられたのかもしれない。

　沼さんは庄川のサケの回帰尾数を日本海に注ぐ河川で一番（今でも）多くした顕著な功績がある。多くの私費を投入して、サケの増殖技術の先進地を自ら訪ね、研鑽を重ねられた。沼さんには有能な指導者特有の行動力と忍耐があった。それまで各漁師が個別に採捕していたのを、個々人を説得し、梁による一括採捕に切り替えさせた。文で書くのは簡単だが、漁師を説得して、その権利を事実上停止させるのは、並大抵のことではない。また、捕るだけでなく、稚魚の育成にも力を注がれた。庄川本流の水量は少なくなったものの、庄川の広大な河川敷と豊富な伏流水に着目され、河川敷に素堀による飼育池を造られた。そこでサケ稚魚を飼育するという画期的な方法を行われたのだった。これが庄川に年間4〜5万尾ものサケの回帰尾数をもたらした。この技術は小川、黒部川、小矢部川にも伝わり、富山県（だけでなく）のサケの回帰尾数の飛躍的な増大につながっている。

　河川敷での飼育に当たっては、建設省（当時）の許可を得るのも大変だったらしいが、よく口に出されたのが富山県のサケの担当者への愚痴である。「成果の上がった今でこそ、そうではないが、最初河川敷でサケ稚魚飼育する言うたら、水試では全く相手にされなんだ。河川敷で飼育しとんが見ても、またあんなアホなことしとる、という目でみられた。だから、石川県の内水面試験場によく行った。石川県は丁寧によく教えてくれたよ」と、よっぽど当時のことが悔しかったのか、皮肉を込めてよく言われたものである。吹雪の中、雪達磨のようになりながら、河川敷の飼育池でサケ稚魚に餌をやっている沼さんの姿を何度も見かけたが、創業者に必須の、つらくて、困難なことが多かったに違いない。

　実績を認められた沼さんは、庄川サケ・マス協議会会長、庄川漁連理事、本州鮭鱒増殖振興会理事へと次々と役職を上げていかれたが、晩年は身近な人間関係の軋轢によって、その座から降りざるを得ない悲運にあっている。最後は癌により63才という若さで他界されている。沼さんの晩年は、例えていうなら、その功績を妬まれて造反をくらい「ブルータス、おまえもか」と叫んで最後を閉じるローマ帝国のシーザーの心境に似たようなものがあったのではなかろうか。沼さん引退後、庄川サケ・マス協議会による河川敷のサケ飼育は、事実上瓦解している。

年老いた川漁師たち

　平成14年4月の連休前、かつて神通川で川漁師として一斉を風靡した吉田信さんと藤田六助さんに話を伺う機会があった。昨年まで、マスの投網漁の川舟の船頭をしておられた吉田さんに「今年、川出られたがけ」と聞くと「なーん、出とらんちゃ。今で息子もおらの顔見ても、父ちゃん川行こう、いうて言わんちゃ」「だいぶ足腰、悪いがですか」「足腰悪いちゅもんじゃなくて、舟に伝っていかんと歩けんがいちゃ。もう、川にでても役に立たんちゃ」と、笑っておられる。流し網漁を昨年までやっておられた藤田さんも「川にでたか？病人だらけで4人ともまともながちゃ、おらんちゃ。おらも足痛て、階段上んがに四んばいになって上らんなあかんちゃ。降っ時も四んばいのまま、バックして降りんなあかんがいちゃ」と笑っておられる。「今じゃ、口だけ達者で、体ひと

つもいうこときかんちゃ」。

　その時の年老いた二人の会話の中で印象に残った言葉があった。「川ちゃ、魚ちゃ不思議なもんで、いっぱい捕ろう思うて大きいクーラー持って行くと、これが捕れんがや。いい写真撮ろう思うてカメラ持っていくと、これが撮れんがいちゃ。あんたらちみたい県庁の人とか、マスコミの人乗せると、これがまた魚ちゃ捕れんもんや。人間ちゃ、欲出すとあかんもんながいの」。川とか魚とかは、そういうものらしい。

　川漁師たちは長年の疲労の蓄積からか、足腰に爆弾を抱えている人が多い。それでも、70代後半まで川に出れたということは、一般のサラリーマンに比べれば健康で、丈夫な方だろう。吉田さんは「マスのすし作んがも、今年で最後やちゃ」と言われるのがここ数年の口癖になった。もちろん、これには神通川でマスがとれなくなることと、自分の体がいうことがきかなくなることの2つの意味がこめられている。先にも登場いただいた川漁師一つで子ども達を育て上げてこられた藤田清五郎さんも数年前脳溢血で倒れられ入院されたことがある。最近健康を回復されたが、流し網を組んでいた仲間もそれぞれ病に倒れ、流し網に出れる状況にはない。それでも最近息子さんとアユの投網漁に出ているという噂をきいたので、状況を伺うと「田子さん、なーあかんちゃ。もうダメやちゃ」。体がダメなのか、川がダメなのか、それとも両方ともダメなのか。

　吉田さん宅に集まる神通川の川漁師達は声を揃えて言われる。

　「もう、マスはこのままではだめだ。マスがいなくなるのも時間の問題や」。「え、昔の神通川と比べてどうか？残酷なこと言うの。昔の神通川と今の神通川比べたら、今のは川でないちゃ」。

■ 川への惜別の想い？

　平成14年夏。6年間ほど神通川でのアユの遡上調査や標識アユの追跡調査で、私の投網の船頭をしていただいた稲垣勝友さんが、その日の調査も終わり、家でくつろいでおられた時、不意に「もうそろそろ、あんたに投網の免許皆伝を渡さなあかんな」と、少し笑いながらポツリと言われた。こう言われると、投網を打っている私としては、ついうれしくなってしまうものだが、稲垣さんの真意はそこにないのは、私には良く分かる。私は今では900目ものアユ

網を投げさせてはいただいている。また、マス網もそれなりに投げれるようになり、5、6本のサクラマスも獲ったことがある。しかし、私の技量はとても稲垣さんの足元にも及ぶものではない。

　気短で怒りっぽいのはどの川漁師にも共通してる質で、稲垣さんもその例に漏れないとは思うが、稲垣さんの私の投網の投げ方に対する調教に関しては、実に寛大、忍耐強いものがあった。まず最初に調査用のサンプルをとってくれと頼みに行くと、「じゃ、川に行ってみられっか」で、川舟に乗せられ、舟に乗ると、「いいから舳先に乗って網を打ってみろ」という。こわごわ打ってはみたが、私が舟から落ちにくい部類の人間（そうでない人もいて、そういう人は向かないという）だと分かると、そのままずっと舳先から打たせていただくようになった。

　稲垣さんは最初から決して私を下手だとは言わなかった。そして細かく、あれこれ言うこともしなかった。漁が終わると、「あれはこうした方がいい」と一言である。あるいは漁の途中に、「それやったら広がらんぞ。もっと網をこう持て」の一言である。もっとも頭では理解できても体がすぐに対応できないものだから、すぐには修正できない。しかし、稲垣さんは一度言うと、それ以上技術的なことは言わず、川の昔話などに終始したので、私はどの時も投網漁を自分なりに楽しむことができた。そして楽しんで投網を打ちながら、その毎回のたったの一言の積み重ねで今日まできた。そして、気がつくと投げる技術だけでなく、魚の外し方、網の捌き方、魚の入りそうな場所の見方などには、最初と今では雲泥の差ができてしまった。

　稲垣さんは激情家でもある。アユやマス、川やカワウの話をすればとめどもなく言葉が出てくる。稲垣さんの言葉は面白く、それだけで文になる。もっとも方言が強い（これは神通川の古老に共通する。いや、私にも共通する!?）ので、テレビなどでは字幕が必要にはなるが、建設省（旧）やカワウに対する強気な言葉は、聞いているだけで溜飲が下がる思いである。その稲垣さんが時に弱気な発言をされる。そこで、「稲垣さん、まだまだ大丈夫やちゃ。あと10年は川へ出れますよ」と励ますと、「なーん、あかんちゃ。川へでれるのも、あと2、3年がいいとこや」。

（いつまで川へ出れるのか）。私への投網の投げ方の免許皆伝云々もその表れだ

が、稲垣さんに限らず、神通川の古老の漁師には、アユとマスで満ち溢れたかつての神通川への強い郷愁と自分達を育くんでくれた神通川と近いうちにも別れざるを得ない日が確実に来るという惜別の思いが、日々、脳裏に去来しているのだろう。

■ 川漁師の本望？

　平成15年５月６日。私は稲垣さんの船頭でアユの遡上稚魚を採集しに、半年ぶりに神通川に来ていた。まだ雪代の増水が続いていて、水位が高く水も少し濁っていたので、アユはどうかな、という気持ちで網を打ったが、心配をよそにアユ稚魚はほどほど捕れた。で、例によって「じゃ、マス網まいてみられっか」で、マスの調査を兼ねてマス網をまく段になった。昨年の私は０尾、どころかアユの調査でマスが飛び跳ねる姿にもお目にかかれなかった。今日もほとんど期待していなかった。船頭をしながら稲垣さんは「こうやって人がしゃべっとっと、マスが聞いとって、マスがうるさがって出てくるもんよ」「本当ですか？」「サケは人がしゃべっとんが聞くと逃げていくけど、マスは違う。ブロックの中から今に出てくっちゃ」と、あにはからんや、目の前でマスが飛び跳ねた。「そやろ。ゆうたとおりやろ」。マスを見て元気の出た二人ではあったが、４月のマス解禁から毎日朝夕の２回、１回２～３時間のマス漁を欠かさずやっておられる稲垣さんの今年の漁果は今までたったの４尾。平成15年もマスの魚影は極めて薄いようである。

　その日の私は何故か全く無心だった。調子のいい時は、第一打網目からマスを獲ろうとか、マスに頼むから入ってくれとか、最後の一網だから獲ってやる、などと意気込むものだが、そうやって欲をだしてはろくな結果しか待っていない。マスの多い時ならいざしらず、こういう数の少ないときは、無心になって天に任すしかない。もちろん、私は網を打っているだけで、いや川舟に乗せてもらっているだけでこの上なく幸せであるが。

　その日はそうやって、ただ黙々と網を打っていた。と、しばらくして、手ごたえがあった。「稲垣さん、何か入っていますよ」「マスか？　慌てられんなよ」。と言われても、私はもう網を上げにかかっていた。「早すぎる」「え、でももう手元近くまできてますよ」「揚げてしもわれ」。で、網を舟の中に揚げると、そ

こには体長60cm、体重2.8kgの立派なサクラマスがあった。（こんなことがあっていいのか。これは例によって川の精霊のいたずらか）。辺りにはいつもの年なら普通にみられる同業のマス漁の舟もまったくみられないような数の薄さで、素人の網にマスが入っていいものか、とつい思ってしまう。

　ところがそれで止めとけばよかったものを、欲をだして打ち続けていると、コンクリートブロックにでもかけたのか、ある打網で網はにっちもさっちも動かなくなった。「稲垣さん、根がかりしましたよ」。稲垣さんは少し網を引っ張ってみて、通常の方法ではダメだと判断すると、網に浮きを着けて投網を投げ捨て、30〜40mほどかまて（上流）に舟を持っていって分銅（アンカー）を落とし、そこからロープで網の所に下がってきて、網をかまてに引っ張る方法で簡単に網を外してしまわれた。極めて興味深い網の外し方を見せてもらったので、私にはよい経験になったが、「喘息の持病」を持つ稲垣さんはこのことでいらぬ体力を使ったのか、極めて苦しそうな息づかいになり、今にも倒れそうな状況になった。「稲垣さん大丈夫ですか」と聞いても返答できないくらいつらそうだった。と、川にいたサクラマスは何を思ったのか、目の前で大きなジャンプをしてその勇姿を私たちに見せてくれた。そして、少し離れたところでも、また1尾が勇ましく飛んでくれた。最近にしては珍しい光景だった。（このまま死んでしまわれるのではないか）とさえ私には思われた稲垣さんであったが、マスの元気づけがきいたのか、しばらくすると何とか元のように戻られた。

　漁が終わったのは夕暮れ時。天気は快晴、風はほとんど無風になっていた。新緑がまばゆい辺りの景色が、夕焼けを浴びて少し赤く染まった。私のもっとも好きな時間帯である。少し高い土手から川面をみると、角度によってある部分の水面がダイヤモンドのように輝いて見える。（美しい。なんと綺麗なんだ。それにしても神通川はなんと雄大なんだ。神通川は太古から1日も休むことなく、流れ続けてきたんだ

一人でマス魚をしている稲垣勝友さん。稲垣さんも体に時限爆弾を抱えている？

な。こんないい川に毎日出れたなんて、稲垣さんだけでなく神通川の川漁師は
なんと幸せだったんだ）と、少し感傷的になっていた。ふと、後かたづけをし
ておられる、まだ息ずかいが少し苦しそうな稲垣さんに目をやった。（最初に
お会いした頃に比べ、やはり年をいかれたなあ）と、少し寂しい感情が湧いて
きた。

　稲垣さんは現在75歳である。それでもまだ年間200日ほど川に出ているとい
う。今でこそサケ漁は止められたらしいが、マスの時期とアユの時期は朝夕2
回、天候や川の状況が許す限り毎日出ておられる。稲垣さんは毎日数種類の薬
を飲んでおられる。聞くと、過去に脳梗塞、心筋梗塞そして泌尿器の病気で何
度か入院されたことがあるという。同年代の神通川の川漁師の方が、毎年、一
人、また一人と病気などにより川に出れなくなっている中で、まだ少なくとも見
た目はかくしゃくとして、毎日川に出ておられる。それも稲垣さんの場合は一
人で、である。一人で舟を繰舟し、一人で網を打つ。当然魚のさばきも一人で
ある。もちろん、一人で打つ場所は、二人よりも限られるが、その気力は凄い
としかいいようがない。体は時限爆弾を抱えておられるようなものだが、一人
でもし川で何かあったらどうなるのだろうと、こちらはいたく心配してしまう。

　稲垣さんの奥さんは「なーん、田子さん、川で倒れてもいいが。おとうさん
の兄弟や親戚には、川で死んだら本望やいうて本人の意志を伝えてあんが。で
ないと、後で何でそんな体で川に出した、いうて言われっから。本人はそれで
いい、いうて言うとんがやから。ただ、川に流されて後で捜さなあかんような
ことだけは止めて、いうて言うたんが」と、笑って言われる。奥さんの本当の
お気持ちはどこにあるのかは分からないが、ただご主人の心意気を一番よく理
解されているのだけは確かだろう。

（川で死んでもいい、川で死ねたら本望だ）。これが人生の大半を川で生き抜い
てきた、そして川を愛し続けてきた川漁師の、その幕を閉じるに際しての偽ら
ざる心境なのかもしれない。

愛しきアユ　サクラマス　そして、川へ

■ 内水面の喉元に突きつけられた刃物、冷水病とカワウ

　河川環境の急激な変化は置いておくこととして、冷水病とカワウは現在アユ漁業、いや内水面漁業の喉元に突きつけられた刃物である。冷水病とカワウはどう対処したらよいのか皆目検討がつかない。冷水病もカワウも、川そのものが大きくバランスを崩して病的になっていることを象徴しているに過ぎないようにも思える。

【冷水病は天罰？】

　冷水病も元を正せば、ダムの構築や河川工事によりアユ資源の減少が避けられなくなった時に、自らの河川環境を保全することに力をいれず、地元のアユを守ることに関心を持たず、入手が用意で安価な琵琶湖産種苗に安易に頼り過ぎたつけが回ってきたに過ぎないとは思う。それを、「何故冷水病を克服できないのか」と言われても、それはまるで、不摂生の限りを尽くして病気になった人が、「どうしてこの病気にきく薬がないのだ」と、わめくようなもので、そんなわがままは神がお許しになるわけがない。

　と、突き放したいところだが、冷水病の拡散に関してはしかるべき機関の初期の対応があまりに遅きに失した感が強い。今となってはいつから冷水病菌が各河川に入り、いつ頃からアユ漁業に影響を及ぼしたのかをデータできちんと示すのはほとんど不可能なようにさえ思える。さらに、冷水病に対しては現在、ワクチン投与、卵の消毒、抗生物質投与などの療法が考えられているが、冷水病が蔓延してしまった今では有効な手の打ちようがないように思える。同僚のM君の調べによると、最近の庄川ではアユだけでなくウグイやオイカワそしてカジカやサケまでからも冷水病菌が検出されるという。これはもう、川そのものが冷水病に罹ったと言っても過言ではないのではなかろうか。

　私自身はそれに対する技術的な知識も能力も乏しいので、ここは原始的な力に頼って、加持祈祷でもして、私たちが川に対して行ってきた数々の愚行を侘び、冷水病が理由もなしに、ある日突然、終息することをお祈りすることとしたい。

【カワウは難民？】

　カワウに対しては断固たる姿勢で望むべきで、甘い考えでは本当に内水面漁業は潰れてしまう。これは国益を考えればいい。どうすることが国民の利益にかなうか。カワウは難民と同様に捉えるべきで（実際、駆除によって難民化している）、人間社会でも難民を無制限に受け入れていては、どんな社会（国）でも崩壊してしまう。日本の場合でも不法入国者は強制送還されるが、カワウにおいても当然、同等であるべきであって、もともとカワウが生息していなかった地域においては、強制送還（できないので駆除するしかない）に近い処置をとってしかるべきであろう。この点で、私は全国内水面漁連が主張する「カワウを狩猟鳥獣に指定を！」というスローガンを断固支持したい。

　誤解されると困るのでここで少し断っておく。私自身は好まなかったが、請われて他県まで出向いて「今の河川の状況ではカワウと内水面漁業との共存は不可能で、カワウは駆除すべきである」との講演を何度かやったことがある。内水面漁業の立場に立っているので講演中には一度も言わなかったが、実は私も鳥はかわいくて仕方がなく、大、大好きである。むろん、カワウとてその例外であろうはずがない。さらに告白すれば、私の食性はアユに似ていて、私は久しく鳥の肉どころか牛や豚の肉さえ食べたことがないし、食べたいとも思わない。富山水試の方々は私の食性をよくご存知で、私が参加する飲み会に焼き肉屋や焼き鳥屋は有り得ない。やむを得ない事情でそういう場にいなければならないこともあったが、何とも苦しい限りであった。今では回りからは仙人になれるとからかわれているが、自分でもビールさえ飲まなければ出家できるのではないかとさえ思っている。「赤い羽」や「緑の羽」運動などがあるが、それを見て私が連想するのは毛をむしられた鶏の姿であるので、少なくとも私には嫌悪感が先に立って、何の運動なのかさらさら興味が湧かない。また、野鳥を愛する方が焼き鳥をおいしそうに食べている光景を見たことがあるが、別段それをとがめる気もないが、少なくとも私にはそういうことをする気が起こらない。長くなったが、言いたいのは、私も愛鳥家の方々と劣らぬくらいに鳥を愛しているし、内水面漁業者の多くの人々も基本的には鳥が好きだということである。

【カワウには強い精神力で対処を！】

　しかし、私はカワウの被害によって実際に収入が少なくなったり、あるいは同じ量のアユを捕るのに労働時間が倍増した川漁師を見ているし、その苦情を際限無く聞いている。また、カワウの被害により経営が苦しくなり、倒産（解散）状態に近い漁協もあると聞いている。しかし、愛鳥家の方々はカワウの保護は訴えても、カワウの漁業被害に基金を募りましょう、漁協を助けましょうという話は聞いたことがないので、漁協関係者はカワウの被害で漁協が倒れそうになっても、愛鳥家からの支援があるなどとはゆめゆめ思ってはならない。私たちには子供達に「魚のいる川」を残す義務がある。川が残ってもそこに魚が、魚がたくさんいなければ子孫に申し訳が立たない。友釣りや毛鉤釣り、投網漁などの漁法は世界に誇る日本の文化であり伝統でもある。それを私たちの代で絶やす訳にはいかない。また、カワウにとっても最近の異常ともいえる繁殖は、そのままにしておくと、やがて自らの餌がなくなり、自滅してしまうのも生態学の常識でもある。

　平成14年の庄川のサクラマスの捕獲尾数はたったの2尾であった。神通川のサクラマスの漁獲量もかろうじて1トンを維持している。かつて両河川に豊富にいたサクラマスはまさに絶滅の危機にある。この期に及んでまでもカワウに与える余裕はもはやない。川のためにもカワウのためにもある許容範囲内の数にカワウの数を制限（駆除）する必要がある。カワウには長期的な展望に立ち、強い精神力で対処しなければいけない。

【でもカワウをスケープゴートにするな】

　ただし、ただしである。私は講演などでも、カワウを駆除する一方で、漁業者自らも漁場の適正な管理はもちろん、禁止期間や禁止区域の拡大、網数の統数制限などの漁業規制をすべきだと必ず言っている。ろくな増殖努力もせず、適正な漁場管理も行わず、多くの人に喜んでもらえるようなサービスもしないで、魚がいないのを、これとばかりにカワウのせいにだけするのはよくない。歴史をみても、ある国で内政がうまくいっていないのをごまかすために、戦争などを仕掛けたりして、目を外に向けさせるのはよく行われてきた手口である。カワウの駆除は大切だが、カワウをスケープゴートにして、自らなすべき

努力を怠ってはならない。

　人の人生は重い荷物を背負って歩くようなものである。内水面漁業において
もこれからはカワウという重い荷物を背負って歩いて行かなくてはならない。
どこまで続くか分からない道を。ああ、カワウの食害が全く問題にならないほ
どに河川環境が甦り、川が魚で満ち溢れる日が訪れないものだろうか。

■　消滅寸前？の神通川純系サクラマス

【衝撃的な分析結果】

　平成15年３月12日。富山大学理学部山崎研究室。大学の入試が行われたその
夕方、私は北海道から来県された、サクラマス研究の第一人者であるさけ・ま
す資源管理センターの真山さんとともに、助手の山崎祐治さんに、DNA分析
による神通川におけるサクラマスとサツキマス（アマゴ）との交雑の分析結果
を説明していただいていた。それまでも何度か山崎さんと学生の嶋田名利子さ
んから（途中）結果を聞いてはいた。また、そのまとめである嶋田さんの卒業
論文をもらってもいた。そして、その衝撃的な「事実」を知ってはいたが、こ
との大きさを信じたくない気もちがあった。しかし、今、真山さんとともに山
崎さんから改めてテレビモニターで詳細に結果を説明されると、ただ呆然とし
てしまった。真山さんも声がなかった。「交雑魚の体長はどの範囲に分布して
いますか？」という、やや儀礼的な質問にも力がなかった。「神通川ではサク
ラマスとサツキマス（アマゴ）の交雑が起こっており、サクラマスとして採卵
に用いられた魚の12〜30％が交雑魚であった」という分析結果（事実）を前
に、私はもう手遅れではないのか、と暗澹たる気持ちになった。山崎さんの説
明によると、この数字でも最低の数値であって、DNAのマーカーが増えれば、
もっと率は上がるという。真山さんは言った。「神通川、サクラマスで有名な
神通川でこの状況ですか。これは衝撃的なことですね」。これはすごい研究成
果であった。私は山崎さんらの研究成果を誉め讃えた。だが、どうしたら元に
戻るのか、という問には明確な答は返ってこなかった。その解決策には、３人
ともありきたりの、それも抽象的なことしか浮かばなかった。最後は沈黙が流
れた。「もう、飲みに行きましょう」。私が、その場を断ち切った。

【遠い道のり】

　翌３月13日。富山漁協神通川アユ・マス増殖場の事務室。私、真山さん、富山水試のサクラマス増殖の担当者、富山漁協の３人の技術職員、参事、組合長を交えて神通川のサクラマスのおかれた現状と今後の方策が話合われた。嶋田さんの卒論を基に漁協職員が作成したグラフを前に、ため息が漏れた。真山さんは「こうやってサクラマス、アマゴ、F_1交雑魚、そして戻し交雑魚を体長別にプロットしてみると、状況はもっとひどいですね。体長では区別できませんね」。もちろん、外見ではサクラマスと交雑魚は区別できない。真山さんの「田子さんは日本水産学会誌に神通川のサクラマスの遡上生態を書かれたけど、あれは正しくはサクラマス群ですね」。という言葉に、「いや、本当に交雑魚を含むに訂正しなくてはいけませんね」と私は答えた。

　その場ではいろいろな意見が交換されたが、どうみてもこのままでは神通川固有のサクラマスの消失は時間の問題であった。そして、サクラマスの魚体は２kgよりもさらに小さくなる可能性さえあった。私は言った。「ほとんど手遅れですね。でも過去のことをいくら振り返ってもしようがない。たとえ、どんなに時間がかかっても、またそれが徒労に終わったとしても、一からやり直さないとどうにもならんですよ。「事実」が分かっただけでもありがたいと思わなければ。「事実」を知らないで今年も同じことを繰り返していたとしたら、それこそ取り返しのつかないことになっていたかもしれない」。真山さんは「田子さん、まるでプロジェクトＸですね。あの時田子はこう言った、なんてなったりして」「真山さん、茶化さないでくださいよ。プロジェクトＸというのは成功物語ですよ。そりゃ、神通川のサクラマス系群の維持に成功し、資源が復元した場合にはそれもあるでしょうけど、今ここで現実を突きつけられて、一縷の望みがあるか否かという状況ですよ」。その場にいた者は皆、神通川のサクラマスのおかれた現状の深刻さがよく分かった。

　その夜の富山市内の居酒屋。昼間のメンバーがほぼそろった。話題はどうしても神通川のサクラマスとアマゴの交雑に集中した。どうしてこういう状況に陥ったのか。かなり酒が回った頃、富山漁協の組合長は断言した。「犯人探しはしない。前を見るだけだ」。組合長の言うとおりではある。犯人探しというか、その直接の原因など、推測はできるがそれまでで、完全に明らかにするこ

とはできないし、また今となっては大して意味もないようにも思える。

　富山漁協の職員を初め、少なくともその場にいた関係者は皆、過去を振り返らないことでは一致した。事実（真実）は公開する。狂牛病にみられる対応の遅れや原発事故などにみられるような事実の隠蔽は許されない。いや、最近では隠そうとする行為にさえ非難を受ける御時勢である。だから事実を公開し、どんなに時間がかかっても現状が一歩一歩よくなるように進めようということで一致した。とりあえず、岐阜県淡水魚研究所や富山水試に提供する卵は遺伝的なチェックを行った後の神通川純系群を提供しようということになった。酒が回っている時はやってやろうという気がみなぎっていたが、いざ平静に戻ると、その道のりの険しさと長さに目眩がしそうだった。

【委員会指示の弊害】

　しかしである。今回のこのことではっきり言えることがある。それは漁業権を与えられたことの見返り？に行っている「義務放流」に大きな問題があるということである。内水面漁場管理委員会から毎年指示される放流量を満たせばそれでこと足れり、というのでは、もう完全に時代遅れである。委員会指示では放流魚の「由来」は問われなかった。そのことにより、その川（場所）の在来魚あるいは下流域に生息する魚への影響など全く考慮されなかった。例えばアユなら、アユでありさえすればどこのアユでもよかったのである。琵琶湖産アユの放流は、その子供達や海産アユとの交雑魚が死んでくれたおかげで、資源の減少はみられたものの、遺伝的な撹乱は起らなかった。一般的に他の魚種では、交雑魚の生残率や生殖能力は純系の種よりも落ちるので、時間と共に自然に淘汰されるのである。だが、極めて近い種であるサクラマスとサツキマスはそうではなかったのである。イワナなどでも同様なことが起こっているのではないかと心配である。漁業権者の義務として放流さえすればいいという制度が一刻も早く見直され、在来（その川）の魚が増えるような、例えば産卵場の造成、親魚の保護、隠れ家の設置などといった措置が委員会指示に取り入れられることを切に望みたい。

【遅れた事実解明】

　それにしても何故今日までこの事実が分からなかったのだ。私は以前に5年ほどサクラマスの増殖を担当をしたことがある。でも私よりも前にも後にも何人も担当者はいた。漁師に言わせると、神通川でのアマゴの出現は昭和40年代の後半から見られたという。サクラマスの増殖担当をはずれた後は、アユの調査、論文作成に忙殺されていた私ではあったが、常にサクラマスのことは気にかけていた。そして、（ここ10年ほどは河川環境もさほど変わっていない、カワウや冷水病の影響があったとしても最近のサクラマスの減少と魚体の小型化は説明できない。異常過ぎる）、私はそう危機感をいだいた。だが、周囲には全く危機感が欠落していた。というか本当にサクラマスを増やそうという気があるのかとさえ疑いたくなった。私は極めて忙しくはあったがサクラマスを担当していた時のデータを引っ張り出し、「神通川へのサツキマスの出現」として、また、過去20年ほどのサクラマス魚体のデータまとめ、「神通川で漁獲されたサクラマスの最近の魚体の小型化」として2つとも日本水産増殖学会へ投稿した。研究者は飲んだときとか、口だけでかっこいいこと言ってもだめである。論文にして初めて研究者の存在理由がある。と、同時に私（正しくは神通川のサクラマス？）は待っていた。ずっと待っていた。誰かがこの事実を遺伝的に明らかにしてくれることを。

【神通川のサクラマスは日本の宝】

　平成12年10月。富山大学理学部に助手として山崎祐治さんが赴任した。山崎さんの専門がヤツメウナギで今はやりのDNA分析と聞き、私は飛びあがらんばかりに喜んだ。富山県動物生態研究会の淡水魚グループの歓迎会の席上で、私はすぐにサクラマスとサツキマスの交雑状況の分析をお願いした。山崎さんは「分かりました。私も水産の出ですからやらせてください」と二つ返事で答えてくれた。山崎さんは、少なくともヤツメウナギに関しては自分でサンプリングを行い、現場に密着した優秀な研究者である。常に学生を引き連れて現場に行っておられる。

　ところが、大学や国の研究機関の一部には全く現場から隔絶した研究者もいるのである（水試でもないことはないが）。河川環境の論文を投稿すれば、「本

学会誌には馴染まない」などと思ってもみない言葉が返ってくる。（馴染まない？水産の現場の漁場が喪失しているということが水産に馴染まないのか。水産を本業とする学会でこんなコメントがあるのか）と呆然としてしまう。また、サクラマスの魚体の小型化が起こっていると書けば（最初から原著論文ではなく資料として投稿している）、その理由が明らかでないとか、サツキマスとの交雑が疑わしいならその事実を述べよとか極めて高圧的な意見が返ってきたりする。どこの学会誌に掲載されるとか原著論文か否かなどにはほとんど私は興味がないが、しかし、水産（人）の役には立ちたい。だから、印刷物としてデータ（事実）は出したい。しかし、この河川漁場がなくなっても、あるいはサクラマスが小型化しようが、いなくなろうが自分らの生活には全く響かない人達と言うのは、同じ水産（の研究）に携わる者でありながら、どういう存在の人なのだろうか。まあ、そういう人達のことはいいか。

　でも、私たちはそういう訳にはいかない。現場に携わる研究者にとっては責任が着いて回る。あの時、そういうデータをとりながら、そういう事実を知りながら（あるいは知ることができたのに）公にしなかった、論文にしなかったという罪はあまりにも重い。私たちは子孫に対して責任を負っている。川は川らしく後世に残していかなければならない。そして、神通川のサクラマスをこの世から消滅させる訳にはいかないのである。もしそんなことになったら、それこそ水産試験場の存在理由などどこにもなくなる。神通川のサクラマスは富山県の、いや日本の宝である。水産だけでなく、伝統、文化、環境資産として日本の財産である。私の目が黒いうちには絶やさせる訳にはいかない。たとえ身と体がぼろぼろになったとしても神通川のサクラマスを守り続けたいと思っている。

■ 人工アユ化した日本人!?

　ところで、「最近のアユはおかしい、性質が変わったのか。最近のアユは体力がない、まったく弱くなった。最近は体形といい、香りといい、アユらしいアユがいなくなった」と言われるようになった。縄張りを持たなくなったアユ、オトリアユを追わなくあったアユ、群れているアユ、上流に上らなくなったアユ、引き舟あるいはオトリ缶に入れているだけで弱ってしまうアユ、寸胴

でデブっとしたアユ、香りの全くしなくなったアユ。アユはいったいどうなってしまったのだろう。だが、安ずるのは何もアユだけに限らない。日本人も同じように変わってしまった。先の文中の「アユ」という言葉を、そのまま「日本人」に替えても、何故か文は成り立ってしまうのである。

　日本人や日本社会の置かれた現状も目を覆いたくなるほどひどい。一例を挙げれば、年間自殺者は約３万人（中高年齢者が増えている）、年間交通事故者は１万人、わが子の虐待が年間２万件、年間30日以上学校を休む小中学生（不登校児童）が14万人、ひきこもりが100万人（平均年齢27才）などなど、恐るべき数字である。特に若者のひきこもりは何を暗示しているのだろうか。私たちが高校生の頃は３無主義、４無主義（無責任、無関心、無感動、無行動）と言われたものだ。それが今は多くの若者が引き篭もってしまうようになったとは。犯罪や病気の人を除いてこうなのだから、もうどうなってしまったのだ日本は、とつい言いたくなる。

　わが子が通っている小学校でも３年生の担任のある先生は、「今の生徒は20分しか持ちません」といい、教室を彷徨する小学生が多くなったと言われたのが印象的であった。「学級崩壊」と言われだしてからも、もう久しくなる。文

平成14年８月末。山梨県富士川で友釣りをする著者と釣れたアユ（全長26.5cm）。日本各地にはいまでも巨アユを育む清冽な流れがある。

部科学省が実施している調査では、高校生の体格は年々向上しているものの、体力は年々低下しているという。さらには漢字の読み書きができない生徒が増え、国語力の崩壊も懸念されている。アユの世界でも最近は人工アユだけでなく、アユそのものに対しても似たようなことが言われている。最近のアユと現在の日本人がだぶって見えるのは私だけであろうか。

アユ、サクラマス、川は日本人の鏡

　確か高校の時だったと思うが、「国破れて、山河有り」という、有名な杜甫の漢詩文を国語の時間に習ったことがある。「戦（乱）で国は破壊されたが、山河は超然として残っている」という意味らしいが、「戦に負けて町の多くは壊されはしたが、山や河などの国土は昔のままで、美しい国土がある限り、私らにとっては戦で町が破壊されたことなど、どうってことないよ」という風に私は捉えている。しかし、いまの日本はどうだ。戦いに破れて、精神的価値観を喪失し、山にも川にも手を加えてぼろぼろにし、ちょっとやり過ぎてしまったかな、という感じである。また、「竜馬がゆく」「世に棲む日日」「坂の上の雲」など著名な歴史小説を書かれ、日本人と日本に対しての誇りをかくも甦らせてくれた司馬遼太郎氏は「国家とは山川草木である」と喝破されている。

　「子は親の鏡」というあまりにも有名な格言がある。子は親の背中を見て育つという。ならば、現在の日本社会や若者のおかれた状況への大人の責任は重い。そして、この真理をもっと広げれば、アユ、サクラマスは川の鏡であって、また、川は流域の人々の心を写しているということができよう。つまり、日本人の現在の心（精神）の状態と川の状態が無関係であろうはずがない。そう、私たちはアユに、サクラマスに、そして川に、鏡に写った自分の姿を見ているに過ぎないのではなかろうか。とすれば、鏡に写った物だけをいくら一生懸命に変えようとしても本質的な解決にならないことが理解できる。

　今、バブルがはじけ、経済は低迷を続け、工業製品の国際競争力は低下し、銀行は不良債権で身動きがとれず、国と県には膨大な借金だけが残った。そして、気がつけば日本人が数千年来誇ってきた「山河」はちょっとの間にぼろぼろになり、かつて世界に誇った勤勉性、親切さ、和を持って尊しとする心、自然を愛する心、そして切腹にみられるような剛毅さ、潔さなどの精神性は地に

落ちた。

　平均年齢27歳のひきこもりをする若者が100万人⁉平均年齢27歳とは次代を背負う若者である。その若者がこんな様か。いったいこの若者達にどういう教育をしてきたのだ。どういう教育をしたら若者がこうなるのだ。生きがいを教えなかったのか。「国家とは」の理念を教えなかったのか。教育者（だけではないが）は何をしてきたのだ。北朝鮮による日本人の拉致などをみていてもこれでも日本は主権国家の体をなしているのか。私も昭和50年代後半頃には北朝鮮の拉致が失敗（未遂）に終わった富山県高岡市の海岸で友人達（女性も含む）と何度かキャンプをしたことがあるが、我々はこんな危ない国にいたのか。こんなことでは、川が潰れる前に国家が倒れて、いや日本民族が崩壊してしまうぞ。日本人と同じく、いやそれよりはるか以前から日本列島にいたアユやサクラマス、川は泣いているぞ。「日本人よ、そんな体たらくでどうするのだ」と。

国家の理念が定まって初めて川も安定する⁉

　今までは旧建設省と農林水産省の「省益」がぶつかってきた。当然、省として大きい建設省の力は強く、水産側は、どちらかといえば、いいなり的にならざるをえない状況に近かった。水産の立場からみれば「ああ、あんなひどいことをして」とか「工事のための工事」ではないか、と思いたくなるような現場にも多く出会った。川漁師を初め水産関係者は、魚にとっての生息（河川）環境の悪さを河川管理者のせいにしてきて、水産の研究者のはしくれとしての私もそういう立場をとってきた。が、河川環境がこれほどまでに魚の生息という意味において悪化したのは、水産側がそれに応じたデータを示せ得なかった面も確かにある。

　私は水産の立場として、「ダムや低水護岸などの河川工事により水産としてはこれこれの悪い影響を受けてきた」とは主張してきたし論文にも書いてきた。だが、だからといって、それらを壊せとか工事をやめろなどと言ったことは一度もない。もちろん、私はそう言う立場にはないし、治水が何よりも優先するのは誰の目にも明らかなことである。過去におけるダムの構築や大規模な河川改修は国益にかなっていたと思うし、実際に私たちはその恩恵を受けてきた。だが、今日においては、当時は国益にかなっていると思えたことが、長い

目でみれば実はそうではないらしいということが、一部の工事例にせよ、最近、国民の多くが感じだしたように思える。ダムの構築や河川改修、砂利採取などの河川工事は国民に安全性と利便性をもたらす一方で、「水産資源」「環境資源」、そして川が国民にあたえてきた目に見えない「精神的価値」を喪失させたと、私は思っている。これからは「治水」から徐々に「水産資源」「環境資源」の保全・復元へと重点が移ることであろう。

　本質的にみれば河川管理者も水産関係者も同じ穴の狢であって、広く日本人、日本民族という立場からみれば、本当の利益はお互いに共通するはずである。皆がそれぞれの職業から離れた立場でものをみて、「やはり川はこうでなくてはならない、こういう川を子孫に残したい」と、自信を持って言える川にしたいものである。

日本の国土と民族に誇りを

　自分の国の国家や国土あるいは歴史に誇りをもって初めて、他国の国家や国土にも尊敬の念が生じる。それがしいては世界の平和にもつながる。自分の国家や国土に誇りを持たない人間が他国を敬うことなどできるわけがない。英国の歴史学者トインビーは言った。「国家観のない民族は滅びる」と。私たちは、国家観はもちろん、山や河などの国土に対してもしっかりとした価値観をもって子孫に伝承していかなければならない。日本人の社会的、精神的な支柱の再構築は、とりあえず政治家や教育者などに任せるとして、私たち自身も家族や国家を大切にする心を養わなくてはいけない。それにはまず肉体的にも精神的にも健康をとりもどす必要がある。

　日本には「身土不二」という言葉がある。身体を養うのは身近で採れた食物が一番いいという知恵が日本にはある。人工アユの餌と同じ様な配合飼料的なもの、例えばファーストフードや冷凍食品、そして化学調味料、合成保存料、合成着色料のたっぷりはいった食べ物は極力避けて、天然アユが食べているような自然のもの、例えばお米（ご飯）と味噌汁を原点にした伝統的な日本食に帰るべきである。ここでポイントは米（玄米）と塩（自然塩）であると私は思っている。

　特に塩であるが、私（達）は何故か食（卓）塩（塩化ナトリウム99％以上）

で育った。私は物心ついてからは塩といえばずうーと食（卓）塩のことだった。これが本当の塩だと思っていた。

　今でこそ塩の製造・輸入・販売が自由化され、自然塩（天然塩）が食料品店に溢れるようになって、周りの人でも自然塩を使う人が多くなったが、当時は自然塩を食べたくても食べれなかった。別に工業的に製造した安い塩を売るのはかまわない。しかし、自然塩の製造や輸入、販売を禁止するなどは、いったいどういう意図で行われたのだろうか。私自身は塩（自然塩）は母なる海の化身であると信じている。日本人は古来より塩に秘められた力を察知していた。体に必要不可欠な食べ物であることはもちろん、神棚へのお供え物や葬式の際など、今でも塩は「清める力を有するもの」として食べ物以外にも多く用いられている。塩化ナトリウム99％以上の物質にそのような力があるとは到底思えない。言うまでもないことだが、私はアユの塩焼きには自然塩を使っている。少なくとも私には、ミネラルを多く含んだ自然塩が旨みや体に与える影響は、食（卓）塩とは比較にもならないように感じられる。

　精神的に健康になるのは難しい。健全な精神は健全な肉体に宿るのであるから、輪をかけて難しい。現代人は日常的に緊張の連続で、完全なリラックス感を会得するのが困難である。それらは当然、医学（保健）や宗教の手助けがいるだろう。が、それとは別に精神を鼓舞してくれる美しい日本語を毎日朗読もしくは暗唱するのも一つの手かもしれない。

でも今は夜明け前？

　人が人間的に大きくなるには、大病、浪人、倒産、失業、愛する人との別離などの苦しみが必要という。辛く、苦しい目にあって初めて、人はやさしく、大きくなれるという。川においても、従来の川の姿を失ってみて初めて、本来の川の良さが真に理解できるのかもしれない。今、日本の社会や川は大きく病んでいるように見える。が、これはもしかしたら、次のより良き社会ができるための生みの苦しみなのかもしれない。河川管理者と水産関係者はお互いの権益を捨て去って、国益のために協力していく以外には、日本の川の、いや日本の生き残る道はないように思える。

　「川の環境に配慮し過ぎたら洪水で堤防が決壊するって？」「はは。宇宙の法

則というものはそういうものではない。では、逆に低水護岸と水制工で川を固めたら洪水による堤防の決壊が決して起こらないのか、といえばそうでもない。神の力は凡人には知る由もなく、予測外の豪雨など朝飯前である。川（環境）への「思いやり」と洪水への「恐れ」のどちらが宇宙の心に叶うかは言わずと知れたことである。人間の力など、宇宙の力には到底及びはしない」という、川の精霊たちの会話が聞こえてきそうである。

　本当の国益とは何か。本当に国民に利益をもたらすことは何なのか。「身はたとひ武蔵の野辺に朽ちぬとも留め置かまし大和魂」。吉田松陰辞世の句である。そういう気概でもって国家、国民のことを考えて、「治水」はもちろんだが、「水産資源」「環境資源」そして「精神的価値」の保全と創出を見事に行ってもらい（いき）たいものである。

愛しきアユ、サクラマス、そして川へ

　私は数多くの論文を学会誌に投稿してきた。中には取り下げた論文もある。しかし、もし投稿しなかったら、きっと後悔しただろう。ただ推論、憶測で書くだけなら何でも書ける。しかし、それでは川の役には立てないし、人の役にも立てない。飲んだ時だけかっこいいことを言っていてもしようがない。研究者のはしくれである以上、データを用いて審査のある学会誌へ投稿（掲載）してこそ、駄文であっても初めて説得力のある文が書ける。

　私は数多くの、どんな種類のマスコミの取材にも協力してきた。もちろん、私は公務員であるから、県の広報課の「マスコミには丁寧に協力的に応じるように」という指示を待つまでもなく、川のためなら、と協力を惜しまなかった。網を打てと言われれば打ち、人よせパンダになれと言われれば、そうした。マスコミと川漁師との間に入っていやな思いもしたことがある。しかし、もし協力しなかったら、きっと後悔しただろう。

　私は数多くの講演をしてきた。県内外のどんなところの、どんな話の内容でも基本的には受けてきた。ただ、最近は多忙になり、また精神に疲労を感じてきたので、日程調整のつかない県外でのいくつかはお断りさせていただいたことはある。でも最大限にお応えしたつもりである。もし、講演してこなかったら、きっと後悔しただろう。

　私は多くのデータを論文にし、釣り雑誌等の寄稿にはことごとく応じ、あらゆる種類のマスコミの取材に協力し、日程の都合がつかない限りは講演は拒否してこなかった。これらのことがどれだけアユやサクラマスや川のためになったかは定かではない。が、そういう思いを込めて行ってきたことに対しては少しも後悔していない。マラソンの有森さんではないが、今となっては自分を誉めてやりたい気もしないではない。

　愛しきアユ、サクラマス、そして川へ、私は少しでもあなた方に恩返しすることができたであろうか？

　私を気長に育ててくれ、そして暖かく見守ってくれた庄川、神通川、富山湾よ、私は少しでもあなた方の役に立つことができたであろうか？

　水産試験場へ転勤してサクラマスやアユの担当になってから、ふと気がつくと10年を越える歳月が過ぎようとしていた。この間、熱き想いと体力だけに任せて疾走してきた。私は多くの読み物と科学論文らしきものを書かせていただいた。確かに私は体力と神経と時間を使った。しかし、今となってはそれらは単に私が川の精霊からのインスピレーションを受け、それを具現化するように動かされただけに過ぎないような気がしている。

　平成14年４月。行政から再び水産試験場に転勤してきたW氏と久しぶりに渡り廊下でばったり会った。W氏の白髪は前にもまして目立つように感じられた。昔の河川調査の話をしているうち、24時間寝ずのアユ仔魚の降下調査に話がおよんだ。私が「もう、あんな調査はできんわ」というと「あんたも気弱になったね」「あんたできっけ？」「考えただけでも嫌やわ」とお互いに年を重ねたことを嘆いたものだった。

　「ゆく河の流れは絶えずして、しかも、もとの水にあらず。淀みに浮かぶうたかたは、かつ消えかつ結びて、久しくとどまりたるためしなし。世の中にある人とすみかと、またかくのごとし」（方丈記）。気がつくと川は大きく変わり、アユやサクラマスの性質さえも変わった。また、水産試験場というか公務員を取り巻く社会情勢も大きく変わり、それにあわせるように富山水試の雰囲

気も変化した。一方で、河川管理者の応対も大きく様変わりしたが、これについて言えば、実際の河川工事や管理に対する考え方は未だ未知数のところがあるが、少なくとも私たち水産関係者に対する応対、接遇態度はこれが同じ機関かと思われるくらいに良くなった。40の半ばにさしかかった私の体力は徐々に衰え、神経も疲れた。マラソンなどでは走りすぎると疲労骨折をするという。神経にも疲労骨折はあると思うようにもなった。研究員のはしくれとして突っ走った私の役割はほぼ終わったような気がする。これからは、別の役割を果たしていかなければならないのかもしれない。

　先にも出てきたが、NHKにプロジェクトXという主に挑戦者達の物語を題材にした番組がある。私にとっては共鳴するところが多いのであるが、特に中島みゆきさんのテーマソングも気に入っている。この歌は密かにロングランを続けていたが、平成14年の紅白の放映で再び人気が高まっている。ここでも中島みゆきさんの「地上の星」に包まれて、「つばめよ高い空から教えてよ、地上の星を」とかっこよく終わりたいところだが、鈍臭い私にはどう考えても不似合いのようである。

　多くの人々に、陽に陰に支えられてここまでこれた。最後に、私を支えてくれた多くの人々、私に喜びとやすらぎと鋭気を与え続けてくれたアユ、サクラマス、庄川、神通川、そして富山湾に心より感謝の意を表して、とりあえずこの拙たない文章を閉じることにしたい。

庄川で手製の仕掛けでゴリ釣りと水遊びを楽しむ長男と次女。子どもたちは川遊びが大好きである。魚のたくさんいる川を末永く子孫に残さなければならない。

あ と が き

　本稿の原本ともなった「富水試だより」「ないすいめん」に寄稿した私の読み物については、いろいろな人から励ましの言葉をいただき、継続することができた。特に各県の水試仲間あるいは先輩方々にどれだけ励まされたことだろう。会議や出張で会う度に「田子さん、水試だより読みましたよ。面白いですね」「田子さん、ないすいめん、いつも読んでいます」「田子さん、ないすいめんに渓流釣りで誰かに見られているようなことを書いておられたけど、あれは僕も経験しています」「田子さん、富山には毛鉤釣りってあるんですね。いいですね。友釣りは大変そうだけど、毛鉤釣りなら俺にもできそうだな。それと最後の方は、ちょっとエロチックでしたね」などなど。気安く声をかけていただいた。また、県内の研究機関の方から頂く年賀状にも「水試だより楽しみにしています」「早く本にしたら」などが多くあり、止めるに止められない状況でもあった。現在の富山水試場長である鈴木さんにも赴任早々、「田子さんの水試だよりは面白いから本にでもしたら」というありがたいお言葉を頂戴している。

　ところで、いろいろな人の講演や話を聞き、自分でも講演をするようになって気がついたことには、中には「口だけの人」がいるということであった。飲んだ時だけカッコイイことを言う。立派な肩書きがあって講演している人の話をよく聞くと、データや考え方が実は人の借り物だったりすることがある。中には著作権を侵害しているのでは、と思える人の講演も聞いたことがある。私のこのような駄文に近いエッセイを書くにあたっても、中味は駄文だが、そういう「口だけの人」とは一線を画したいということと、本文にも記したが、論文は魚たちへのレクイエム（鎮魂曲）と考えているので、巻末に私が書いた（ファーストネームで）論文の一覧を添付することとしたい。私の記述に疑問のある方、あるいは生態をもっと詳しく知りたいという方はそれらを読んでいただければ幸いである。

　最後に第1回全国水産試験場の場長会の会長賞に私を選んでいただいた全国の場長さん方々、「○○賞も可能かも」と強い励ましの言葉をいただいた水研の人などを始め、各県の大学、水研、水試の方々、県内試験研究機関の方々、場内のアルバイトの方々、そして富山水試の職員の方々など、私の拙文を愛読して、私を支えていただいた多くの人々に、心から感謝の意を表したい。

　また、本企画をしてくださり、出版に際して数々のご足労をおかけした全国内水面漁連の劍吉広報室長に深くお礼申し上げる。

　　　平成15年3月吉日　　　著者

論 文 一 覧

（田子泰彦のファーストネームのみ）

■ 学会誌

「放流標識として切除したサクラマスの腹鰭および背鰭の再生」日本水産増殖
学会誌 45(4), 479-483, 1997

「アユ網漁によるサクラマス幼魚の混獲」日本水産増殖学会誌 47(3), 369-376,
1999

「庄川におけるアユ降下仔魚量の推定」日本水産学会誌 65(4), 718-727, 1999

「庄川におけるアユ仔魚の河口域への到達時間の推定」日本水産増殖学会誌
47(2), 215-220, 1999

「庄川におけるアユ仔魚の降下生態」日本水産増殖学会誌 47(2), 201-207, 1999

「庄川における放流湖産アユの生残」日本水産増殖学会誌 47(1), 111-112, 1999

「神通川と庄川におけるサクラマス親魚の遡上範囲の減少と遡上量の変化」日
本水産増殖学会誌 47(1), 115-118, 1999

「神通川と庄川におけるサクラマス親魚の遡上生態」日本水産学会誌 66(1),
44-49, 2000

「神通川の河川敷を利用したサクラマス幼魚の育成」日本水産増殖学会誌
48(3), 489-495, 2000

「神通川と庄川の中流域における最近の淵の消長」日本水産増殖学会誌 49(3),
397-404, 2001

「庄川で友釣りとテンカラ網で漁獲されたアユのCPUEと大きさ」日本水産増
殖学会誌 49(3), 285-292, 2001

「神通川と庄川における近年のアユの漁法別着漁人口の動向と漁獲量の変化」
日本水産増殖学会誌 49(1), 117-120, 2001

「富山湾の河口域およびその隣接海域表層におけるアユ仔魚の出現・分布」日
本水産増殖学会誌 68(1), 61-71, 2002

「富山湾の砂浜域破波帯周辺におけるアユ仔魚の出現、体長分布と生息」日本
水産学会誌 68(2), 144-150, 2002

「富山湾の湾奥部で育成したアユ稚魚の河川への回遊遡上」日本水産学会誌 68(4), 554-563, 2002

「サクラマス生息域である神通川へのサツキマスの出現」日本水産増殖学会誌 50(2), 137-142, 2002

「コンクリートの飼育池で水深別に育成したアユの成長」日本水産増殖学会誌 50(3), 377-378, 2002

「神通川で漁獲されたサクラマスの最近の魚体の小型化」日本水産増殖学会誌 50(3), 387-391, 2002

「飼育池での投網とテンカラ網による水深別のアユ漁獲効率試験」日本水産増殖学会誌 51(2), 225-226, 2003

「調査船の船首部側方曳と船尾部後方曳で採集されたアユ仔魚の尾数と大きさの違い」日本水産増殖学会誌 52(1), 103-104, 2004

「富山湾への流入河川における遡上アユの大きさと水温の関係」日本水産増殖学会誌 52(4), 315-323, 2004

「河川の浅瀬に人工的に造成した淵における魚類の出現」応用生態工学 8(2), 165-178, 2006

「維持流量設定後における神三ダム直下の大きな淵での水温と溶存酸素量の改善」応用生態工学 9(1), 63-71, 2006

「河川漁業の名川，神通川と庄川はダムの建設でいかに変貌し，そしていかなる終末を迎えるのか」日本水産学会誌 73(1), 89-92, 2007

「神通川と庄川における日中のアユの遊漁（漁業）実態」日本水産増殖学会誌 60(1), 81-88, 2012

「神通川の神三ダム直下における淵で越夏したサクラマスの遊泳水深」日本水産増殖学会誌 65(4), 311-320, 2017

「神通川の神三ダム直下の淵で滞留していたサクラマス親魚の出水時の挙動」応用生態工学 21(1), 45-52, 2018

■ 水研・水試研究報告等

（単著論文のみ）

「庄川に放流したサクラマス降海幼魚の大きさと降海時期」富山県農林水産試験場研究報告 4, 41-52, 1993

「富山県庄川における降海期サクラマスの食性」富山県農林水産試験場研究報告 5, 13-20, 1994

「発電用水路に迷入した魚類」富山県農林水産試験場研究報告 6, 25-35, 1995

「富山湾産アユの生態, 増殖および資源管理に関する研究」富山県水産試験場研究論文 = Special report (1), 1-151, 2002

「アユ網漁で混獲されたサクラマス幼魚の飼育池での生残率」富山県水産試験場研究報告 14, 61-64, 2003

「1992〜1996年に圧川に標識放流した湖産アユの遡上範囲、生存、成長および再捕率」富山県水産試験場研究報告 14, 29-42, 2003

「降海期サクラマス幼魚によるサケ稚魚の捕食試験」富山県水産試験場研究報告 15, 1-10, 2004

「富山県の河川で採捕されたアユにおける冷水病原因菌検出頻度の季節変化」富山県水産試験場研究報告 15, 11-18, 2004

「神通川におけるサケ稚魚の降海終期と大きさ」富山県水産試験場研究報告 19, 19-28, 2008

「河川への遡上期における人工的に飼育した アユの淡水と海水の選好性」富山県農林水産総合技術センター水産研究所研究報告 (2), 7-13, 2014

著者紹介

田子　泰彦（たご　やすひこ）

1958年（昭和33年）富山県新湊市生まれ。

京都大学農学部水産学科卒業後、富山県水産漁港課勤務を経て、1991年（平成3年）から水産試験場勤務。内水面課主任研究員。

サクラマスの増殖・生態調査、アユの生態・資源調査、河川（生息）環境調査などに従事。日本水産学会誌、日本水産増殖学会誌などに論文多数掲載の他、全国内水面漁連の「ないすいめん」をはじめ漁協の広報誌、釣り雑誌等にも多数寄稿。

2001年（平成13年）1月、第1回全国水産試験場長会会長賞受賞とともに、富山県職員表彰規程に基づく優良職員表彰を受ける。同年3月、京都大学より農学博士の学位授与。

現在の研究テーマは、「海産アユの生態と増殖に関する研究」「神通川のサクラマスの減少と小型化に関する研究」「河川環境が漁業に及ぼす影響に関する研究」など。

愛しきアユ　サクラマス　そして、川へ

2003年　3月31日　初版
2020年　9月16日　再版

著　者　田子　泰彦

発行所　株式会社 美 巧 社

〒760-0063　香川県高松市多賀町1-8-10

TEL 087-833-5811　FAX 087-835-7570

ISBN978-4-86387-135-9　C1040